U0388611

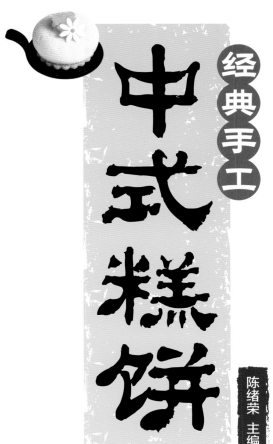

经典手工

中式糕饼

陈绪荣 主编

黑龙江科学技术出版社
HEILONGJIANG SCIENCE AND TECHNOLOGY PRESS

图书在版编目（CIP）数据

经典手工中式糕饼 / 陈绪荣主编 . -- 哈尔滨：黑
龙江科学技术出版社，2018.9
ISBN 978-7-5388-9786-9

Ⅰ . ①经… Ⅱ . ①陈… Ⅲ . ①糕点－制作 Ⅳ .
① TS213.2

中国版本图书馆 CIP 数据核字 (2018) 第 122405 号

经 典 手 工 中 式 糕 饼

JINGDIAN SHOUGONG ZHONGSHI GAO BING

作　　者	陈绪荣	
项目总监	薛方闻	
责任编辑	梁祥崇　许俊鹏	
策　　划	深圳市金版文化发展股份有限公司	
封面设计	深圳市金版文化发展股份有限公司	
出　　版	黑龙江科学技术出版社	
	地址：哈尔滨市南岗区公安街 70-2 号　邮编：150007	
	电话：（0451）53642106　传真：（0451）53642143	
	网址：www.lkcbs.cn	
发　　行	全国新华书店	
印　　刷	深圳市雅佳图印刷有限公司	
开　　本	723 mm × 1020 mm　1/16	
印　　张	10	
字　　数	120 千字	
版　　次	2018 年 9 月第 1 版	
印　　次	2018 年 9 月第 1 次印刷	
书　　号	ISBN 978-7-5388-9786-9	
定　　价	39.80 元	

目 录
Contents

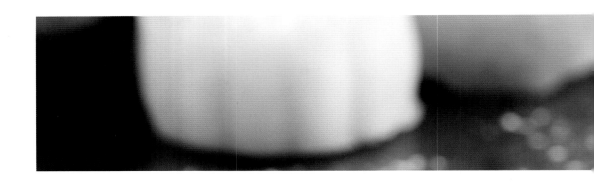

PART 6
煎制类

PART 5
煮制类

中式糕饼的介绍

糕饼是糕点和饼的合称。本章重点介绍制作中式糕饼的准备过程以及常见的面饼制作方法。

中式糕饼的分类

中式糕饼不仅美味，还品类繁多。
在本书中，我们按生产工艺和熟制工序的不同，对糕饼进行分类，
以便于中式糕饼爱好者分类练习，逐一突破。

蒸制类糕饼

蒸制类糕饼是指以蒸制为最后熟制工序的一类糕饼，通常以蒸笼为工具将糕饼蒸熟，主要包括蒸包子、蒸发糕、蒸烧卖等。

烘烤类糕饼

烘烤类糕饼是指以烘烤为最后熟制工序的糕饼类，需要用到烤箱。常见的烘烤类糕饼有月饼、凤梨酥、蛋黄酥、鸡仔饼等酥皮、浆皮类糕饼。

油炸类糕饼

油炸类糕饼是指以油炸为最后一道熟制工序的糕饼。油炸类糕饼又可分为两类，一类需经过蒸制工序蒸熟后再下锅炸，如金馒头；另一类包制好后可直接下锅油炸，如笑口酥、油条等。

煮制类糕饼

煮制类糕饼是包括以水煮为最后熟制工序，和中途经过水煮，最后无须再制熟的糕饼种类。前者有汤圆、粽子等，后者有各种凉糕。

煎制类糕饼

煎制类糕饼是指以油煎为最后一道熟制工序的一类糕饼，以各类煎饼、煎糕为常见代表。

制作中式糕饼的常用工具

不管是西式面点，还是中式糕饼，怎么能少了制作工具呢？
初次接触中式糕饼的人可能对中式糕饼需要哪些工具不太了解，
我们就为大家介绍一下，简单的工具快配备起来吧。

电子秤

电子秤是用来对糕饼材料进行称重的设备。在糕饼制作中，准确称量出适当分量的糕饼材料很重要，只有分量合适，才能做出一个完美糕饼。

擀面杖

擀面杖是擀面用的木棍，是中国传统用来压制面类的工具，能将面团压薄成面皮，是制作中式糕饼不可或缺的工具。选择时，以木质结实、表面光滑的为好。

刮板

刮板是用来搅拌面糊等材料的工具，一般为胶质材料，因此比较柔软，能把粘在器皿上的材料刮干净。使用时不宜用力过度。

筛网

筛网是用于筛各种粉类、泥状与液态材料的工具，许多面粉使用前都要过筛。选购时建议选择网目较细的，用途较广。

钢盆

钢盆是用于打发、搅拌、盛装材料的器皿，可直接放在电磁炉上加热，在烘焙中用途很广。

毛刷

毛刷是指厨房用毛刷，比较小，常用来为烘焙类糕饼表面涂刷材料，如蛋液。

量匙

量匙用于量取少量的粉状、液态材料，主要有两个规格：15毫升的大匙和5毫升的小匙。

蒸笼

蒸笼就是利用蒸气炊熟食物的器具，材质有竹编的、木制的、铝制的及不锈钢制的等。使用时要先将底锅中的水先烧开，再将蒸笼置于其上，以大火蒸制食物。中途如需要往锅底添水，应添热水。

刀叉

平常用的刀叉即可，在中式糕饼制作过程中，可用来为糕饼装饰塑型，也可用来在糕饼胚上戳孔、划刀口。

饼模

饼模是用来为糕饼胚印模的工具，主要为木质和塑料两种材质，有圆有方，花样繁多。中式糕饼讲究精致好看，饼模往往是糕饼成型的最后一道工序，堪称点睛之笔。

打蛋器

打蛋器用于进行打发、搅拌、混匀等步骤，锅圈数越多则越容易打发材料，尺寸挑握起来顺手的即可。

漏勺

漏勺在有许多油炸类糕饼的中点中用途十分广泛，常用来从炸油中将炸制好的糕点捞出沥干。选择漏勺时没有太多讲究，只要不划手，材质健康即可。

制作中式糕饼的基础材料

中式糕饼几乎都由粉类、糖类及油脂类组成，
每一类再一细分就让初学者为难了，
因此，详细说明是有必要的。

◎糖类

白砂糖

白砂糖也直接称白糖或砂糖，是最常用的糖类，颜色白亮、颗粒较大、甜度高。

黑糖

黑糖又称红糖，呈红褐色，是未经脱色的砂糖，味道略带焦香味。

绵白糖

绵白糖也称翻糖，是白砂糖煮过之后留下的细糖，质地细软、颗粒最细小，可代替糖粉使用。

糖粉

糖粉是白砂糖经研磨而成的粉末状糖，质地较细，溶解速度更快。

冰糖

冰糖纯度高、颗粒大，除了增加甜味，还能润肺止咳。

◎粉类

中筋面粉

该粉蛋白质含量9% ~ 10%，粉质略粗、筋度较高，是中式面类糕饼中用得最多的面粉。

高筋面粉

该粉蛋白质含量在11%以上的面粉，粉质较硬、筋度最高，在中式糕饼中虽使用较少，但也有使用，如笑口酥。

糯米粉

糯米粉由糯米加工制成，粉质洁白，吸水性大，适用于口感弹软的糕饼，如桂花糕。

低筋面粉

该粉蛋白质含量为7% ~ 8%，粉质细白、韧性较弱，适用于松软的糕饼，如发糕。

澄粉

该粉由小麦面粉加工制成，粉质细白，为无筋面粉，通常和其他粉类搭配使用，可制作口感嫩滑的糕饼。

米粉

米粉由大米研磨而成，适合制成口感较硬的糕饼，如萝卜糕。

◎油脂类

奶油

奶油是从牛奶中提炼出来的动物性油脂，分为含盐与无盐两种，制作糕饼时建议使用无盐奶油。

花生油

花生油是由花生提炼而得的油，带特殊香味。本书使用普通食用油的地方，都可用花生油。

酥油

酥油是从牛奶、羊奶中提炼而来，具有起酥效果，很适合用来制作需擀制多次的酥皮类糕饼。

芥花子油

芥花子油由芥花种子提炼而成，耐高温、油烟少，适合长时间油炸，是油炸类糕饼的首选。

猪油

猪油为动物性油脂，用猪的生板油或肥肉熬炼而成，色泽洁白，呈软质膏状。起酥性与融合性良好，在中式糕饼中使用率较高。

面皮饼皮的基本制作方法

做中式糕饼时，制作面皮、饼皮往往是第一步，
只要掌握几种主要面皮、饼皮的基本制作方法，
看似复杂的中式糕饼就会变得很简单。

◎ 粉果皮

粉果类糕饼的外皮制法，用澄面所制的面皮具有弹性。

范例：潮州粉果

材料

澄面⋯⋯⋯350 克

淀粉⋯⋯⋯150 克

水⋯⋯⋯550 毫升

> ◎ 小贴士
> 澄面要烫至无
> 粉粒状才能算
> 烫熟。

做法

1
锅中倒入清水煮开。

2
加入澄面、淀粉。

3
搅拌材料至澄面烫熟。

4
倒于案板上。

5
趁热揉搓至面团光滑，
搓成长条面团。

6
分切成若干个小面团，
再擀成面皮即可。

◎ 包子皮

包子类面点的外皮制法，制成的面皮松软、有韧性。

范例：包子皮

材料

低筋面粉…500 克

白砂糖……100 克

泡打粉………4 克

酵母…………4 克

改良剂…… 25 克

水………225 毫升

◎ 小贴士

可将材料倒入钢盆中，在盆中揉搓面团至光滑。

做法

1
低筋面粉、泡打粉过筛于案板上，中间开窝。

2
中间加入白砂糖、酵母、改良剂。

3
倒入清水，拌匀。

4
将四周的低筋面粉和泡打粉拌入中间。

5
揉搓面团至面团光滑。

6
用保鲜膜将面团包住，稍作醒发。

7
将醒发过的面团搓成长条。

8
分切成小面团，再擀成薄皮即可。

◎ 油酥皮

酥皮类糕饼的外皮制法。油酥皮由两种面团组成,油皮和油酥,油皮包裹油酥,再多次擀卷,就会形成具有层次的特性。

范例: 蛋黄酥

材料

油皮

中筋面粉…240 克

糖粉………48 克

猪油………45 克

奶油………40 克

水………110 毫升

油酥

低筋面粉…240 克

酥油………120 克

做法

1
中筋面粉过筛于盆中,加入糖粉、猪油、奶油拌匀,再加入水混合均匀。

2
将材料混合,揉搓至面团光滑,用保鲜膜将面团包住,醒发 30 分钟,即成油皮。

3
低筋面粉过筛于盆中,与酥油混合,用刮板搅拌按压至无粉粒状,即成油酥。

4
油皮搓长条,按所需分量切为小油皮面团;油酥搓长条,按所需分量切为小油酥面团。

5
取 1 个小油皮面团,压薄,包入小油酥面团。

6
将面团擀成椭圆形,由一端开始卷起。

7
收口朝下,醒发 10 ~ 15 分钟。

8
再擀薄,卷起,收口朝下,盖保鲜膜静置醒发 20 ~ 30 分钟,成油酥皮。

◎ 糕皮

糕皮类糕饼的外皮制法，呈现的是单层而非多层的酥松感。

范例：台式月饼

材料

A		B	
奶油	42 克	全蛋	28 克
糖粉	63 克	C	
麦芽糖	28 克	低筋面粉	140 克
白砂糖	3 克	小苏打粉	840 克
奶粉	10 克		
盐	3 克		

> ◎ 小贴士
>
> 当糕皮材料中含小苏打粉时，将小苏打粉与面粉一起过筛。

做法

1
盆中放入材料 A 中的奶油、糖类、盐、奶粉，混合均匀。

2
搅打至六分发。

3
加入材料 B，搅打均匀，制成蛋糊。

4
材料 C 的粉类过筛，倒于蛋糊中。

5
将粉类与蛋糊拌匀。

6
搓至无粉粒状光滑面团，即成糕皮面团。

7
糕皮面团上盖保鲜膜，静置醒发 20 ~ 30 分钟。

8
将醒发好的糕皮面团搓成长条，再按需求分切为大小均匀的小糕皮即可。

◎ 浆皮

浆皮同样为糕皮类糕饼的外皮制法，但主要只用在广式月饼中。

范例：**广式大月饼**

材料

转化糖浆…210 克

花生油… 90 毫升

碱水…… 12 毫升

低筋面粉…300 克

做法

1
盆中放入转化糖浆、花生油、碱水，用打蛋器搅拌均匀。

2
低筋面粉过筛入盆中。

3
搅拌的过程中，将材料往中间拨。

4
搅拌至成为光滑的浆皮面团。

5
将浆皮面团装入保鲜袋，放入冰箱冷藏约 1 小时。

6
冷藏好的浆皮面团搓成长条，按需求分切为大小均匀的小浆皮即成。

◎ 小贴士

浆皮制成后需要经过冷藏，是为了让浆皮不粘手，更容易包裹馅料。

常用馅料的基本制作方法

中式糕饼中形形色色的常用馅料，
也学着来自己做吧。

◎ 红豆沙馅

材料

红豆………600克

黑糖………400克

麦芽糖…… 80克

做法

1

红豆洗净，用水浸泡4小时，后放入高压锅，倒入没过红豆的水，开大火煮，上汽后转中火，高压焖煮30分钟。

2

煮好的红豆放入榨汁机，加适量水打烂成红豆泥，装入筛网中，一边冲水一边漂洗红豆泥，直至筛网上只残留红豆皮。

3

去皮的红豆沙用纱布进行脱水，尽量将水分挤干，放入炒锅中以小火炒，加入麦芽糖，分次加入黑糖一起炒，炒至糖完全溶化，取出，摊平待凉即可。

◎要点

炒红豆沙要让豆沙充分吸收糖，颜色由红变暗，软硬度和面团接近，可以站立、不会流动的状态。

◎ 莲蓉馅

材料

去心莲子…300 克

白砂糖……250 克

麦芽糖……100 克

花生油…150 毫升

◎要点
花生油也可以
换成芥花子油。

做法

1
莲子洗净放入高压锅，倒入没过莲子的水，焖煮至莲子软烂。

2
将软烂的莲子取出，以木勺捣成泥。

3
将泥状莲蓉与白砂糖、麦芽糖一起放入炒锅，以小火煮至糖完全溶化，再炒至莲蓉不粘手，加花生油，续炒至油分完全被吸收时熄火。

4
将莲蓉取出，摊平待凉即成莲蓉馅。

◎ 奶黄馅

材料

鸡蛋…………1 个

澄粉……… 50 克

牛奶…… 80 毫升

奶油……… 20 克

白砂糖…… 40 克

◎要点

蒸奶黄馅的时候，要每隔 10 分钟开一次锅，对碗里的液体进行搅拌，能更快地收汁。

做法

1

将奶油与白砂糖放入碗中，一起隔水加热，奶油还未完全化开时，将二者搅拌均匀。

2

分 2 ~ 3 次加入蛋液，搅拌均匀，后倒入牛奶，拌匀，最后加入澄粉，拌匀。

3

拌好后上蒸锅蒸 25 分钟左右。

4

出锅，摊平放凉即可。

◎ 枣泥馅

材料

干黑枣……300 克

水………400 毫升

黑糖………500 克

麦芽糖……150 克

芥花子油 150 毫升

◎要点

将筛网倒扣于钢盆上，打烂的黑枣放在筛网上，用刮板压滤黑枣，就能将皮快速滤除。

做法

1

黑枣去子，洗净后放入高压锅煮至软烂。

2

取出略加搅拌，趁热放入榨汁机中，加水打烂。

3

用筛网滤除枣皮，即成枣泥。

4

将枣泥与黑糖、麦芽糖一起放入炒锅中，以小火炒至糖溶化，枣泥不粘手。

5

加入芥花子油，继续翻炒至油分被完全吸收即熄火。

6

取出馅料，摊平待凉即可。

◎ 麻蓉馅

材料

绿豆………150 克

黑芝麻…… 50 克

花生油…120 毫升

黑糖………220 克

◎要点

直接买脱皮绿
豆来操作能省
去脱皮环节,
会方便很多。

做法

1
将黑芝麻放入烤箱以 180℃烤 5 分钟,取出放凉备用。

2
绿豆洗净,泡水 4 小时,后放入高压锅,加水煮至绿豆烂熟。

3
软烂的绿豆与黑芝麻一起放入榨汁机,加适量水打成泥,用筛网筛除绿豆皮。

4
用纱布对黑芝麻绿豆泥进行脱水。

5
将脱好水的黑芝麻绿豆泥和黑糖一起放进炒锅,以小火翻炒至糖完全溶化,黑芝麻绿豆泥不粘手,倒入花生油,续炒至半成团。

6
取出馅料,摊平放凉即成麻蓉馅。

◎ 紫芋泥馅

材料

紫芋⋯⋯⋯600 克

黑糖⋯⋯⋯300 克

麦芽糖⋯⋯150 克

◎要点

制成的馅料密封
冷藏，可以存放
14 天。

做法

1

紫芋去皮洗净，切成 1 厘米见方片状，放入蒸锅蒸至紫芋熟透。

2

将熟透的紫芋趁热用木勺碾成泥状。

3

将芋泥放入炒锅，加入黑糖、麦芽糖，以小火炒至糖完全溶化，再续炒
至芋泥不粘手，熄火。

4

将馅料取出，摊平放凉即成紫芋泥馅。

◎ 叉烧馅

材料

中筋面粉… 50 克

栗粉……… 50 克

叉烧肉……205 克

盐…………8 克

白砂糖…… 10 克

鸡精………7 克

蚝油……… 15 克

做法

1
锅中放面粉、栗粉和叉烧肉，混匀。

2
开火翻炒至叉烧肉熟透，熄火待凉。

3
将冷却的叉烧肉切成粒状。

4
加入蚝油、盐、白砂糖和鸡精，搅拌均匀即为叉烧馅。

◎要点
如想用瘦肉做叉烧馅，要先用调料腌制30分钟。

PART
2

蒸制类

　　蒸是把糕饼生胚放入蒸笼内，用蒸汽传热的方式将糕饼蒸熟。中国是全世界第一个使用蒸汽烹饪的国家，可谓源远流长。利用蒸汽制熟糕饼，能够更好地保留糕饼的营养和美味，因此蒸制一直是中国传统糕饼的主要熟制工艺之一。

双色馒头

在传统馒头的基础上加入胡萝卜汁，口味、营养、外观都更佳。

用时：70 分钟左右

材料

低筋面粉···500 克

白砂糖······100 克

泡打粉·········4 克

酵母··········4 克

改良剂······ 25 克

水········225 毫升

胡萝卜汁··· 适量

做法

1
低筋面粉、泡打粉混合过筛，倒于案板上，中间开窝，加入白砂糖、酵母、改良剂、水，拌至白砂糖溶化（图 1 ~ 2）。

2
将四周的低筋面粉和泡打粉拌入中间，搓匀，搓至面团光滑（图 3）。

3
将面团分成两份，其中一份拌入胡萝卜汁，搓匀，稍作醒发（图 4 ~ 5），一白一黄两份面团分别擀成薄皮，将含胡萝卜汁的黄面皮叠在白面皮上，卷成长条（图 6 ~ 8）。

4
将长条面团分切成约 30 克一个的小面团，放置于蒸笼内醒发 10 分钟，后用旺火蒸约 8 分钟熟透即可（图 9 ~ 10）。

莲蓉包

皮色洁白，松软而稍韧，香甜可口，是经典广式包子。

用时：60 分钟左右

材料

皮

低筋面粉…500 克

白砂糖……100 克

泡打粉………4 克

酵母…………4 克

改良剂…… 25 克

水………225 毫升

馅

莲蓉馅…… 适量

做法

1

低筋面粉、泡打粉混合过筛，倒于案板上，中间开窝，加入白砂糖、酵母、改良剂、水，拌至白砂糖溶化。

2

将四周的低筋面粉和泡打粉拌入中间，搓匀，搓至面团光滑。

3

用保鲜膜将面团包住，稍作醒发。

4

将面团搓成长条面团，再分切成约 30 克一个的小面团若干个。

5

将小面团压成圆面皮，中间包入莲蓉馅，将包口收捏成形（图1～2）。

6

稍作静置后以旺火蒸约 8 分钟即可。

◎ 小贴士

蒸时一定要用旺火，否则会影响莲蓉包的口感。

黄金流沙包

外表毫不起眼，一口咬下，奶香流淌到嘴里，甜美的味道沁人心脾。

用时：60 分钟左右

材料

皮

低筋面粉···500 克

白砂糖······100 克

泡打粉······ 1.5 克

酵母··········5 克

水·········150 毫升

胡萝卜汁······适量

馅

咸蛋··········5 个

奶油········100 克

白砂糖······100 克

栗粉··········70 克

奶粉··········50 克

做法

1
面粉、泡打粉混合过筛，倒于案板上，中间开窝，加入白砂糖、酵母、胡萝卜汁、水，拌至白砂糖溶化。

2
将四周的面粉和泡打粉拌入中间，搓匀，搓至面团光滑，用保鲜膜包住，稍作醒发。

3
将面团搓成长条面团，再分切成约 30 克一个的小面团若干个，压成圆面皮备用。

4
烤熟咸蛋黄，与制作馅的其余材料混合拌匀，即成馅料。

5
在圆面皮中包入馅料，捏紧包口，排入蒸笼中稍作静置，后用旺火蒸约 8 分钟即可。

香芋叉烧包

经典叉烧包与美味香芋的碰撞，双重味蕾享受。

用时：60分钟左右

材料

皮

低筋面粉⋯500克

白砂糖⋯⋯100克

泡打粉⋯⋯⋯4克

酵母⋯⋯⋯⋯4克

改良剂⋯⋯ 25克

水⋯⋯⋯225毫升

香芋色香油5毫升

馅

叉烧馅⋯⋯ 适量

做法

1

低筋面粉、泡打粉混合过筛，倒于案板上，中间开窝，加入白砂糖、酵母、改良剂、水、香芋色香油，拌至白砂糖溶化。

2

将四周的面粉和泡打粉拌入中间，搓匀，搓至面团光滑，用保鲜膜将面团包住，稍作醒发。

3

将面团搓成长条面团，再分切成约30克一个的小面团若干个。

4

将小面团擀成圆面皮，中间包入叉烧馅，包口收捏成雀笼形（图1~2）。排入蒸笼中静置醒发，后用旺火蒸约8分钟即可。

①  ②

蚝皇叉烧包

广州十大名小吃之一，蚝味交缠着叉烧香味，松软可口，香浓扑鼻。

用时：60 分钟左右

材料

皮

　　低筋面粉 ………… 250 克

　　白砂糖 …………… 100 克

　　泡打粉 …………… 7 克

　　酵母 ……………… 5 克

　　溴粉（碳酸氢铵）… 1.5 克

　　碱水 ……………… 少许

　　水 ……………… 100 毫升

馅

　　叉烧馅 …………… 205 克

做法

1

往 500 克面粉中加 50 克白砂糖、酵母、泡打粉和水，搅拌至粉粒状，静置约 12 个小时即成种面（图 1 ~ 2）。

2

将种面置于案板上，加入剩余的 50 克白砂糖，揉搓至白砂糖溶化；再加入溴粉、碱水揉成光滑面团（图 3 ~ 4）。

3

用保鲜膜将面团包住，醒发约 10 分钟（图 5）。

4

将醒发好的面团搓成长条面团，再分切成约 30 克一个的小面团若干个（图 6）。

5

将小面团擀成圆面皮，中间包入叉烧馅，将包口收捏成雀笼形（图 7）。

6

排入蒸笼中静置醒发，后用旺火蒸约 8 分钟即可（图 8）。

燕麦奶黄包

奶黄包的燕麦体验，浪漫清新的美味邂逅。

用时：60 分钟左右

材料

皮

低筋面粉···250 克

白砂糖······ 50 克

泡打粉········2 克

酵母··········2 克

改良剂······ 12 克

水········225 毫升

燕麦粉······ 适量

馅

奶黄馅······ 适量

做法

1
低筋面粉、泡打粉过筛，与燕麦粉混合倒于大碗中，加入白砂糖、酵母、改良剂、水，拌至白砂糖溶化。

2
将四周的面粉、泡打粉和燕麦粉拌入中间，搓匀，搓至面团光滑。

3
用保鲜膜将面团包住，醒发约 20 分钟，再分切成约 30 克一个的小面团若干个。

4
将小面团擀成圆面皮，中间包入奶黄馅，捏紧收口。

5
均匀排布于蒸笼中，静置醒发约 20 分钟，用以旺火蒸约 8 分钟即可。

◎ 小贴士

加水时，为了让面团更好地发酵，可以加温水，但水温不宜超过 40℃。

燕麦玉米鼠包

既是萌趣鼠包，又是健康营养的全素包。

用时：60分钟左右

材料

皮

低筋面粉…400克

燕麦粉……100克

泡打粉……1.5克

酵母…………5克

水………200毫升

白砂糖……100克

改良剂……25克

馅

玉米粒……150克

胡萝卜……50克

冬菇………50克

黑木耳……50克

洋葱………50克

盐…………5克

白砂糖………8克

鸡精………7克

淀粉………10克

做法

1
面粉倒于案板上，中间开窝，加入燕麦粉、泡打粉、白砂糖、酵母、改良剂、水，拌至白砂糖溶化。

2
将四周的面粉拌入中间，搓匀，搓至面团光滑，用保鲜膜将面团包住，稍作醒发。

3
将醒发好的面团搓成长条面团，再分切成约30克一个的小面团若干个，擀成圆面皮备用。

4
将玉米粒、胡萝卜、冬菇、黑木耳、洋葱切碎，混合后加入盐、白砂糖、鸡精、淀粉，拌匀成馅料。

5
在圆面皮中包入适量馅料，将收口捏成老鼠的形状（图1～2），放入蒸笼中，用大火蒸约8分钟即可。

燕麦葱花卷

清香营养，一口松软的燕麦葱花卷，有家的味道。

用时：60 分钟左右

材料

低筋面粉 …………… 500 克

泡打粉 …………… 4 克

燕麦粉 …………… 适量

白砂糖 …………… 100 克

酵母 …………… 4 克

改良剂 …………… 2.5 克

水 …………… 225 毫升

葱花 …………… 适量

盐 …………… 少许

油 …………… 适量

做法

1

低筋面粉、泡打粉过筛，与燕麦粉混合倒于案板上，中间开窝，加入白砂糖、酵母、改良剂、水，拌至白砂糖溶化。

2

将四周的面粉、泡打粉和燕麦粉拌入中间，搓匀，搓至面团光滑，用保鲜膜将面团包住，醒发约 20 分钟。

3

将醒发好的面团用擀面杖擀薄，刷一层油，撒上葱花和盐，后将面皮包起（图 1 ~ 4）。

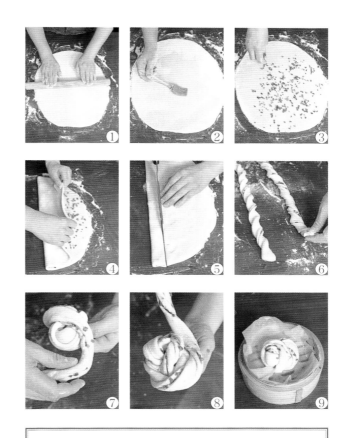

◎ 小贴士

葱花切碎后，可先拌点油再撒在面皮上，防止葱花蒸熟后变色。

4

将包好的面皮压实，用刀切成长条状，再拧成麻花状（图 5 ~ 6）。每条麻花状面条绕成一团，成型（图 7 ~ 9）。将燕麦葱花卷生坯均匀排布于蒸笼中，静置醒发约 20 分钟，再以旺火蒸约 8 分钟即可。

燕麦腊肠卷

燕麦带来营养，腊肠带来美味，孩子的最爱。

用时：60 分钟左右

材料

低筋面粉…500 克

白砂糖……100 克

泡打粉………4 克

酵母…………4 克

改良剂………25 克

燕麦粉………适量

水………225 毫升

腊肠…………适量

◎ 小贴士

将小面团搓成长条状时，要用两手沿着两端慢慢搓长，不能搓得太粗也不能搓得太细，否则会影响造型。

做法

1

低筋面粉、泡打粉过筛，与燕麦粉混合倒于案板上，中间开窝，加入白砂糖、酵母、改良剂、水，拌至白砂糖溶化。

2

将四周的低筋面粉、泡打粉和燕麦粉拌入中间，搓匀，搓至面团光滑，用保鲜膜包住，醒发约 20 分钟，再分切成约 30 克一个的小面团若干个。

3

小面团搓成细长条，将适量长度的腊肠段卷起成型（图 1 ~ 3）。放入蒸笼中，静置醒发约 20 分钟，再以旺火蒸约 8 分钟即可。

七彩小笼包

江南地区名小吃，口味鲜美。

用时：60 分钟左右

材料

皮

    低筋面粉···500 克

    水········250 毫升

馅

    猪肉········250 克

    盐············6 克

    白砂糖·······9 克

    鸡精········8 克

    彩椒粒·······少许

    油···········适量

做法

1

面粉过筛于盆中，倒入水（图 1），将面粉倒在案板上，和水搓至面团光滑，再用保鲜膜包好，醒发片刻（图 2 ~ 4）。

2

将醒发好的面团搓成长条面团，再分切成约 30 克一个的小面团若干个，擀成圆面皮备用（图 5 ~ 6）。

3

猪肉剁碎，加入盐、白砂糖、鸡精、油，拌匀即成馅料（图 7 ~ 8）。

4

在小面皮中包入馅料，收口捏成雀笼形，装入锡纸盏中，装饰适量彩椒粒（图 9 ~ 10），放入蒸笼中，静置醒发，后以旺火蒸约 8 分钟即可。

棉花杯

松松软软，以假乱真的棉花杯，口感一点不输西点蛋糕。

用时：30 分钟左右

材料

低筋面粉……100 克

澄面…………20 克

白砂糖………48 克

泡打粉…………6 克

白醋…………6 克

猪油…………14 克

水…………150 毫升

◎ 小贴士

每次往盆中加入材料时，都要边加边搅拌，直到搅拌成黏稠可流动的面糊。

做法

1

盆中倒入白砂糖、清水，搅拌至砂糖溶化（图 1），加入白醋、泡打粉拌匀，倒入面粉、澄面，继续搅拌至透彻无粉粒状（图 2），最后加入猪油，拌至成纯滑面糊（图 3 ~ 4）。

2

将面糊倒入裱花袋中（图 5），挤入锡纸模，每个模内约装八分满（图 6 ~ 7）。

3

稍作静置，后以旺火蒸约 6 分钟即可（图 8）。

三色水晶球

色泽明亮，糯软通透的玲珑早点。

用时：40分钟左右

材料

皮

澄面………25克

淀粉………100克

水………137毫升

白砂糖………少许

馅

红豆沙馅…100克

莲蓉馅……100克

奶黄馅……100克

◎ 小贴士

澄面一定要烫熟；面团分切成小面团前要保证已经足够柔软；擀成圆面皮的厚度要均匀，蒸出来的水晶球才会色彩分明。

做法

1

盆中倒入水、白砂糖，加热至水煮开，加入澄面、淀粉拌匀成面团，倒于案板上，用手揉搓至面团纯滑。

2

将面团分切成约30克一个的小面团，擀成圆面皮，分别包入豆沙馅、莲蓉馅和奶黄馅三种馅料，再将收口捏紧成球状。

3

将包入不同馅料的三个球排入蒸笼内，用旺火蒸约8分钟即可。

八宝袋

经典南方面食，晶莹剔透、赏心悦目，更有"吉祥如意"的美好寓意。

用时：30 分钟左右

材料

皮

澄面·····················250 克

淀粉····················· 75 克

水······················350 毫升

馅

猪肉····················125 克

胡萝卜··················· 20 克

韭菜····················· 50 克

马蹄肉··················· 10 克

盐······················· 5 克

白砂糖··················· 9 克

鸡精····················· 8 克

蛋黄粒（或蟹子）··· 适量

做法

1
盆中倒入清水煮开，加入澄面、淀粉，拌匀至面烫熟，倒于案板上，趁热揉搓至面团光滑。

2
将猪肉、马蹄肉、胡萝卜、韭菜切碎，装到一起，加入盐、白砂糖、鸡精，拌匀即完成馅料。

3
将光滑面团分切成约 30 克一个的小面团、擀薄、包入馅料，将收口捏紧成形（图 1）。

4
将包胚均匀排入蒸笼中，用韭菜调在腰口打结勒紧，再用蟹子或蛋黄粒装饰八宝袋口（图 2～3），用旺火蒸约 7 分钟即可。

◎ 小贴士

一定要等清水煮开后再倒入澄面和淀粉，否则澄面不易烫熟。

潮州粉果

潮汕地区传统特色名点，皮薄爽滑，剔透好看。

用时：30 分钟左右

材料

皮

澄面………70 克	
淀粉………30 克	
水………110 毫升	

馅

花生………100 克	
猪肉………125 克	
韭菜………100 克	
白萝卜……20 克	
盐…………4 克	
鸡精………适量	
香油………少许	
淀粉………少许	

做法

1

盆中倒入清水煮开，加入澄面、淀粉，拌匀至面烫熟，倒于案板上，趁热揉搓至面团光滑。

2

将花生、猪肉、韭菜、白萝卜分别切碎，装到一起，加入盐、鸡精、香油、淀粉，拌匀成馅料。

3

将光滑面团分切成约 30 克一个的小面团，擀薄包入馅料，将收口捏紧成型（图 1 ~ 2）。

4

将包胚均匀排入蒸笼内，用旺火蒸约 6 分钟即可。

◎ 小贴士

面粉烫熟后倒在案板上，一定要趁热搓匀，否则面团会不纯滑。

① ②

水晶叉烧盏

源自广东民间工艺，精致美味，色香俱佳。

用时：30 分钟左右

材料

皮

澄面………100 克

淀粉………400 克

热水……550 毫升

馅

盐…………8 克

白砂糖………10 克

鸡精………7 克

蚝油………15 克

水………1000 毫升

面粉………100 克

栗粉………50 克

叉烧………250 克

做法

1
往热水中倒入澄面、淀粉，将澄面烫热成面团，再倒于案板上。

2
将面团揉搓光滑，再搓成长条状，分切成约 30 克一个的小面团若干，擀成圆面皮备用。

3
将叉烧切碎，与盐、白砂糖、鸡精、蚝油、水、面粉、栗粉混匀，完成馅料。

4
在圆面皮中包入馅料，旋转着捏紧收口，放入锡纸模中（图 1 ~ 2）。

5
将锡纸模排在蒸笼内，以大火蒸约 8 分钟即可（图 3）。

大眼鱼饺

精巧造型，传统饺子的色香味新挑战。

用时：30 分钟左右

材料

饺子皮……100 克

玉米粒……100 克

胡萝卜…… 50 克

贡菜………150 克

猪肉………150 克

盐…………50 克

鸡精…………6 克

白砂糖………9 克

蟹子…………适量

做法

1
将猪肉、胡萝卜、贡菜切碎，与玉米粒混合（图 1 ~ 3），再加入盐、鸡精、白砂糖搅拌均匀，制成馅料（图 4 ~ 6）。

2
饺子皮中包入适量馅料，将收口捏紧成型（图 7 ~ 8）。

3
将饺子生胚均匀排入蒸笼中，在开口处放少许胡萝卜粒、玉米粒和蟹子做装饰（图 9）。

4
以旺火蒸约 6 分钟即可（图 10）。

莲蓉晶饼

广式水晶饼的经典，皮薄馅厚，嫩滑可口。

用时：30 分钟左右

材料

皮

    淀粉·········75 克

    白砂糖·······75 克

    猪油·········50 克

    水········250 毫升

馅

    莲蓉馅········适量

◎ 小贴士

水煮开之后，要小心缓慢地倒入材料，以免不慎烫伤。

做法

1
盆中倒入水、白砂糖，加热至水煮开，加入澄面、淀粉拌匀成面团。

2
将面团倒于案板上，加入猪油拌匀，揉搓至面团纯滑，再搓成长条面团，分切成约 30 克一个的小面团若干个。

3
将小面团擀成圆面皮，包入莲蓉馅，收口捏紧成饼胚，放入模具内压紧，脱模后成型，排入蒸笼中，以旺火蒸约 6 分钟即可。

菠菜奶黄晶饼

莲蓉晶饼的变体，奶黄与菠菜的最佳拍档。

用时：30 分钟左右

材料

皮

澄面⋯⋯⋯250 克

淀粉⋯⋯⋯⋯75 克

白砂糖⋯⋯⋯75 克

猪油⋯⋯⋯⋯50 克

水⋯⋯⋯250 毫升

菠菜汁⋯⋯200 克

馅

奶黄馅⋯⋯⋯适量

◎ 小贴士

无法一次用完所有面团时，可用湿布将剩余面团盖住，下次用时就不会起硬皮。

做法

1

盆中倒入水、白砂糖、菠菜汁，加热至水煮开，加入澄面、淀粉拌匀成面团。

2

将面团倒于案板上，加入猪油拌匀，揉搓至面团纯滑，搓成长条面团，再分切成约 30 克一个的小面团若干个。

3

将小面团擀成圆面皮，包入奶黄馅，收口捏紧成饼胚，放入模具内压实，脱模后排入蒸笼中，以旺火蒸约 8 分钟即可。

凤凰丝烧卖

黄澄澄的烧卖，与鸡蛋、蟹子的三人组，鲜香糯软，回味无穷。

用时：30 分钟左右

材料

皮

    烧卖皮（或云吞皮）……100 克

    鸡蛋丝……………………5 克

    蟹子（或咸蛋黄）………适量

馅

    猪瘦肉…………………400 克

    肥肉……………………100 克

鲜虾仁…………………100 克

盐…………………………10 克

白砂糖……………………20 克

猪油………………………30 克

香油……………………10 毫升

鸡精粉……………………适量

胡椒粉…………………2.5 克

淀粉………………………适量

做法

1
将猪瘦肉和肥肉切碎至蓉状，加入盐、白砂糖、鸡精粉、胡椒粉拌匀（图1）。

2
加入鲜虾仁和淀粉，搅拌均匀（图2），再倒入猪油和香油拌匀，即完成馅料（图3）。

3
烧卖皮中包入馅料，再捏成细腰型（图4～5）。

4
放入蒸笼中，以旺火蒸约8分钟（图6），蒸熟后在开口处点缀适量鸡蛋丝和蟹子（或咸蛋黄）即可（图7～8）。

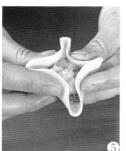   

⑤   ⑥   ⑦   ⑧

核桃果

惟妙惟肖的核桃果，除了弹韧滑口，同样益智补脑。

用时：60 分钟左右

材料

皮

澄面 ·············· 250 克

淀粉 ·············· 75 克

白砂糖 ············· 75 克

猪油 ·············· 50 克

水 ·············· 250 毫升

可可粉 ············· 10 克

馅

麻蓉馅

◎ 小贴士

面团分切好后，要边擀成圆面皮边包，以免面皮擀好放置一边被风吹干，包馅时容易破裂。

做法

1

盆中倒入水、白砂糖，加热至水煮开，加入可可粉、淀粉、澄面，拌匀成面团。

2

将面团倒于案板上，加入猪油搓匀，至面团纯滑。

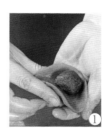

3

将面团搓成长条状，再分切成约 30 克一个的小面团若干个，擀成圆面皮备用。

4

麻蓉馅分切为约 15 克一份的若干份，取一份麻蓉馅包入面皮中，将包口捏紧，制成圆面生胚（图 1）。

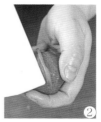

5

用刮板在生胚的光滑面中间轻压，再用车轮钳捏出核桃的纹路（图 2 ~ 3）。

6

均匀摆入蒸笼中，以旺火蒸约 10 分钟即可。

大发糕

南北方人均爱的传统中式美食，松软度堪比蛋糕。

用时：30 分钟左右

材料

> 低筋面粉……250 克
>
> 鸡蛋…………250 克
>
> 白砂糖………200 克
>
> 泡打粉………10 克

◎ 小贴士

蒸发糕时不要打开锅盖，如果蒸汽散出，发糕就会发不起来。

做法

1

盆中倒入鸡蛋（图 1）。

2

加入白砂糖，先慢后快地搅打，直至打成硬性发泡（图 2 ~ 3）。

3

分次加入面粉和泡打粉，慢慢搅拌至面糊中不存在粉粒状（图 4 ~ 5）。

4

蒸笼中垫上油纸，再倒入面糊，以旺火蒸约 12 分钟（图 6 ~ 8）。

5

取出蒸好的大发糕，装入盘中晾凉，分切成块即可（图 9）。

客家九层糕

客家人的重阳节经典糕饼，有"步步高升、长长久久"的寓意。

◎ 小贴士

米浆放置一段时间就会沉淀，因此每次入模前都要拌匀；九层糕蒸好之后必须放凉再切，否则不好成型。

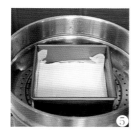

用时：60 分钟左右

材料

粳米粉……480 克

蓬莱米粉…150 克

淀粉………120 克

水………1600 毫升

黑糖………200 克

蜂蜜…………适量

色拉油………少许

做法

1

盆中放入粳米粉、蓬莱米粉、淀粉、水，搅拌均匀，即成米浆（图 1）。

2

将米浆均分为两份，取其中一份加入黑糖，搅拌至无颗粒状，即成黑糖米浆（图 2）。

3

取一方盘，在底部与四周抹少许色拉油（图 3），倒入约 1.2 厘米高的白色米浆，放入蒸锅以旺火蒸约 6 分钟，关火待凝固（图 4 ~ 5）。

4

凝固后往方盘中倒入同样 1.2 厘米的黑糖米浆，盖上盖以旺火蒸约 8 分钟（图 6）。

5

重复做法 3 和做法 4 至材料用尽。全部蒸熟后将九层糕取出，放凉切片，食用时淋上蜂蜜即可（图 7 ~ 8）。

马蹄糕

广东、福建地区传统甜点，相传源于唐代，口感甜蜜，入口即化。

用时：60 分钟左右

材料

马蹄·········400 克

油············少许

A

马蹄粉······200 克

玉米粉······100 克

奶酪粉·······50 克

水·········400 毫升

B

白砂糖······400 克

水·········1500 毫升

奶油··········60 克

做法

1
马蹄去皮洗净，切薄片，放入沸水中焯烫数秒，捞出沥干水分，备用。

2
将材料 A 拌匀成粉浆，备用。将材料 B 入锅煮，煮至砂糖和奶油溶化。

3
锅中先加入做法 1 的马蹄片，再加入做法 2 的粉浆，边加边搅拌至锅中呈现浓稠状（图 1）。方形锡纸模中涂一层薄油，倒入呈浓稠状的粉浆，将表面抹平（图 2）。

4
蒸锅中烧开水，放入蒸笼和方形锡纸模，盖上锅盖，以旺火蒸约 30 分钟，取出待凉，切成长条即可。

红豆松糕

源于江浙人逢年过节必吃的传统年糕，后成为江苏地区名点。

用时：80 分钟左右

材料

红豆………200 克

水………600 毫升

蓬莱米粉…250 克

糯米粉……180 克

绵白糖………80 克

蜜红豆……110 克

青木瓜丝……10 克

红木瓜丝……10 克

油…………适量

做法

1
将红豆用水煮沸，约 20 分钟后熄火，取红豆水约 200 毫升，放凉备用。

2
将蓬莱米粉、糯米粉、绵白糖倒入盆中拌匀，分次倒入红豆水，用手揉搓米粉至形成松散的糕粉，用筛网过筛 2 次，直至糕粉呈细致粉末状。取 1/3 量的糕粉，加入 100 克蜜红豆拌匀，制成红豆糕粉。

3
在蒸笼边缘刷一层薄油，再铺上蒸笼纸，舀入 1/3 的糕粉，铺平，舀入红豆糕粉，同样铺平（图 1 ~ 2）。

4
重复做法 3 的铺粉动作，直至将材料用尽，最后以剩余蜜红豆、青木瓜丝、红木瓜丝装饰糕面（图 3），以旺火蒸 30 ~ 40 分钟至熟，取出冷却后切块即可。

马蹄玉米糕

做法简单，成品剔透明亮，夏日暑佳品。

用时：40 分钟左右

材料

马蹄粉……… 500 克

玉米粒……… 150 克

山药………… 150 克

白砂糖……… 750 克

水………… 3000 毫升

油………… 少许

◎ 小贴士

粉浆是生的，熟浆倒入粉浆中时温度不宜过高，否则最后的糕点会不爽口。

做法

1
将山药切成粒；马蹄粉用 2000 毫升的水搅拌成粉浆（图 1 ~ 2）。

2
另取 1000 毫升的水，加入白砂糖、玉米粒、山药粒煮沸，再加适量粉浆勾芡，制成熟浆（图 3），倒入粉浆中，搅拌均匀（图 4）。

3
在方盘中刷一层薄油，倒入做法 2 的粉浆（图 5 ~ 6）。

4
蒸锅中放水烧开，放入蒸笼和方盘，盖上锅盖，以旺火蒸约 20 分钟。蒸好后开盖，晾凉取出，切块即可。

桂花糕

300 多年历史的中国经典糕点，清凉爽口，满足你挑剔的味蕾。

用时：130 分钟左右

材料

糯米粉……150 克

澄面粉………75 克

色拉油… 40 毫升

白砂糖………80 克

水 ………220 毫升

糖桂花………适量

> ◎ 小贴士
>
> 切桂花糕时，在刀上抹少许凉开水可防治沾黏；糖桂花选择清澈稀薄的较好，适合直接食用。

做法

1

往水中加入白砂糖，搅拌至砂糖完全溶化（图 1），加入色拉油，搅拌至色拉油和水融合（图 2），最后筛入澄面粉、糯米粉，拌匀至无颗粒状，制成粉浆（图 3）。

2

在方盘中刷一层薄油，倒入粉浆，轻轻摇晃方盘将粉浆中气泡排出，静置 40 分钟（图 4）。

3

包上保鲜膜，放入蒸锅中以旺火蒸约 30 分钟（图 5）。

4

蒸好后去除保鲜膜，放置冷却至室温，转入冰箱冷藏约 1 小时，再脱模切块，食用前淋上糖桂花即可（图 6 ~ 8）。

①　②　③　④

桂花年糕

苏式年糕的经典款，品一口，仿佛能赏到苏州满街飘香的桂花。

用时：100 分钟左右

材料

糯米粉…………600 克

冰糖…………450 克

桂花酱………5 ~ 10 克

干燥桂花…………5 克

水…………400 毫升

做法

1

锅中放入冰糖、桂花酱、干燥桂花、水，
开火煮至冰糖溶化，即成糖水，关火
冷却待用（图 1）。

2

糯米粉过筛入盆中，倒入糖水，以打
蛋器搅拌至呈光滑无颗粒的粉浆（图
2 ~ 3）。

3

往蒸笼中依次铺上蒸笼布、耐热玻璃
纸（图 4），倒入粉浆，抹平，撒少许
干燥桂花（图 5 ~ 6）。

4

蒸锅中放水，煮沸后放入蒸笼，盖上盖，
以中大火蒸 60 ~ 90 分钟至熟（图 7），
蒸好后放凉，切块食用即可（图 8）。

◎ 小贴士

粉浆倒入蒸笼后，要抖一抖蒸
笼，以免蒸好的桂花年糕有太
多孔。

麻薯

形似麻团，内里为麻薯，不油不腻，一口下去，黏弹糯软，甜到心里。

◎ 小贴士
分小份枣泥馅的
方法也是搓长条
再切开。

用时：30 分钟左右

材料

皮

糯米粉……150 克

水………150 毫升

白砂糖………30 克

澄面………150 克

猪油…………3 克

白芝麻……300 克

馅

枣泥馅……360 克

做法

1

盆中放适量水，加热至煮开，放入澄面，搅拌均匀至无粉粒状，取出备用。

2

糯米粉加水揉成糯米团，再加入白砂糖、烫熟的澄面、猪油，搅拌均匀，放入冰箱冷藏 12 小时。

3

取出糯米团，搓成长条状，再分切为约 40 克一个的小糯米团若干个；枣泥馅分为约 30 克一个的小块若干个，搓圆备用。

4

将小糯米团擀薄成圆面皮，包入枣泥馅，收口捏紧，搓圆，放入盛白芝麻的碗中滚一滚，静置醒发约 1 小时，放入蒸笼以旺火蒸 12 分钟即可。

橙汁糕

鲜亮通透，橙味浓郁，独享酸甜口味，夏日清凉佳品。

◎ 小贴士
一定要趁粉糊还热的时候倒入白糖水。

用时：30 分钟左右

材料

马蹄粉……250 克

淀粉…………50 克

白砂糖……400 克

水………1200 毫升

橙汁………25 毫升

做法

1
取 1700 毫升的水，倒入白砂糖煮成白糖水。

2
另取 800 毫升的水，加入马蹄粉、淀粉和匀，制成粉糊。

3
往粉糊中加入橙汁和白糖水，搅拌均匀。

4
倒入模具内，将模具摆入蒸笼，以大火蒸约 15 分钟即可。

客家粄粽

客家人端午时节三大粽子之一，口感近似包子，可谓与众不同的粽子。

用时：60 分钟左右

材料

　　粽叶…………若干

　　棉绳…………1 串

　　油……………少许

皮

　　糯米粉……500 克

　　白砂糖……200 克

　　色拉油…100 毫升

　　温水……200 毫升

馅

　　猪绞肉……200 克

　　萝卜干……200 克

　　干香菇………6 朵

　　虾米…………20 克

　　红葱酥……100 克

调味料

　　蚝油………2 大匙

　　米酒…… 50 毫升

　　冰糖…………20 克

　　白胡椒粉…2 大匙

　　香油…………少许

　　酱油………1 大匙

做法

1

将糯米粉与白砂糖混合，拌匀，倒入色拉油、温水，揉搓至有黏性、有韧性的米团，分切为约 55 克一个的若干个小米团，搓圆备用。

2

萝卜干洗净切碎；香菇泡软切末；虾米泡软切碎。备用。

3

锅烧热，倒入少许油，放入猪绞肉，以中火炒熟，再加入萝卜干、香菇、虾米、红葱酥，稍翻炒，续放入调味料拌炒均匀，取出放凉即为馅料。

4

取 1 份米团，压扁，包入适量馅料，再合拢收口，揉搓成椭圆形。

5

将粽叶洗净，烫过，取两张上下交错相叠，在 1/3 处折叠成漏斗状，剪掉另外 1/3 的粽叶，往漏斗状中放入一个米团（图 1）。

6

剩下的粽叶顺着漏斗状覆盖下来，折成约 2/3 个拳头大的四角状粽子，用棉绳在中间处打结固定（图 2）。

7

包好的粽子放入蒸笼，待蒸锅水滚后，放入蒸锅，盖上盖以中小火蒸30 ~ 40 分钟即可。

◎ 小贴士

把米团放入粽叶中时，可在米团上抹一些油，避免米团沾黏粽叶。

烘烤类

　　烘烤是利用烤炉内的高温，通过热空气传热使糕点成熟的糕饼制熟工艺。烤炉在中国古已有之，其中以明炉和焖炉为代表，烘烤时取一个特制大缸或土堆砌成的灶，在里面放上木炭就成了烤炉。烘烤出的酥式糕饼富有弹性与疏松性，从古至今都广受中国人喜爱。

鸡仔饼

广州四大名饼之一，始创于清朝咸丰年间，因其甘香松化，咸中带甜而流传百年。

用时：60 分钟左右

材料

中筋面粉⋯⋯⋯350 克

冰肉⋯⋯⋯⋯⋯100 克

花生碎⋯⋯⋯⋯100 克

盐⋯⋯⋯⋯⋯⋯适量

白砂糖⋯⋯⋯⋯80 克

白芝麻⋯⋯⋯⋯80 克

蒜蓉⋯⋯⋯⋯⋯适量

南乳⋯⋯⋯⋯⋯3 块

水⋯⋯⋯⋯⋯⋯适量

碱水⋯⋯⋯⋯⋯4 毫升

做法

1
将白芝麻炒香，与碱水、白砂糖、南乳、冰肉、花生碎、盐、蒜
蓉混合均匀，再倒入面粉（图 1），分次加入清水，直至揉成面团。

2
面团放置醒发约 20 分钟。

3
将醒发好的面团揉成长条状，分切为若干份小饼胚团（图 2）。

4
将小饼胚团均匀排入烤盘中，稍微压扁成扁圆形，在饼面上刷一
层蛋液，放入烤箱中，以 180℃的温度烘烤 20 ～ 25 分钟，至饼呈
浅黄色即可。

① ②

芝麻酥饼

芝麻酥香，奶黄甜滑，妙趣横生的酥饼体验。

用时：60 分钟左右

材料

皮

中筋面粉···500 克

鸡蛋···········1 个

白砂糖·······50 克

猪油··········25 克

水·········150 毫升

馅

奶黄馅······250 克

装饰

白芝麻········适量

做法

1
将面粉过筛，倒于案板上，中间开窝，加入白砂糖、猪油、鸡蛋、水，拌至白砂糖溶化。

2
将四周的面粉和泡打粉拌入中间，揉搓至面团纯滑，用保鲜膜包好，醒发约 30 分钟。

3
将醒发好的面团搓成长条状，再分切为约 30 克一个的小面团若干，擀薄成圆面皮，包入奶黄馅，将面皮卷起，收口捏紧（图 1）。

4
饼胚光滑一面放入白芝麻中，粘白取芝麻，面朝上摆入烤盘（图 2）。

5
烤盘放入烤箱，以上火 180℃、下火 140℃ 烘烤约 20 分钟，至酥饼熟透即可。

①

②

芝麻烧饼

又叫高炉烧饼，街边常见小吃，色泽金黄，皮酥心软，咸香可口。

用时：60 分钟左右

材料

皮

中筋面粉…500 克

鸡蛋…………1 个

白砂糖………50 克

猪油…………25 克

水………150 毫升

馅

叉烧馅………适量

装饰

白芝麻………适量

做法

1
将面粉过筛开窝，加入白砂糖、猪油、鸡蛋、水，拌至白砂糖溶化，将四周的面粉和泡打粉拌入中间，边拌边搓，至面团纯滑，用保鲜膜包好，醒发约 30 分钟。

2
将醒发好的面团搓成长条状，再分切为约 30 克一个的小面团若干，擀薄成圆面皮。

3
圆面皮中包入叉烧馅，将收口捏紧，另一面放入盛白芝麻的碗中粘取白芝麻，收口朝下均匀排入烤盘中，稍置醒发。

4
将烤盘放入烤箱，以上火 180℃、下火 140℃烤 20 分钟左右，至烧饼熟透即可出炉。

◎ 小贴士

入烤箱烘烤时，可根据烧饼的着色程度，中途调转烤盘，使每个饼胚受热均匀，色泽更纯。

香葱烧饼

传统烤烙美食，焦黄酥脆，伴随着四溢的葱香，让人垂涎欲滴。

用时：90 分钟左右

材料

皮

中筋面粉…500 克

水 ………250 毫升

白砂糖……100 克

泡打粉………15 克

酵母…………5 克

馅

奶油…………10 克

鸡精…………10 克

葱花………200 克

装饰

白芝麻………适量

◎ 小贴士

在小面团上刷的水不要太多，否则面团会变得湿软，只要能将白芝麻粘起即可。

做法

1

将面粉、泡打粉混合过筛，开窝，加入白砂糖、酵母、泡打粉、水，拌至白砂糖溶化，将四周的面粉和泡打粉拌入中间，搓至面团纯滑，用保鲜膜包好，醒发约 30 分钟。

2

所有制馅的材料混合拌匀，即成葱花馅。

3

将醒发好的面团擀薄成方形，均匀抹上葱花馅，葱花馅朝内卷起，卷长条状，再切成约 40 克一个的小面团若干（图 1 ~ 2）。

4

小面团朝上的面刷一层清水，再入白芝麻碗中粘取白芝麻，面朝上放入烤盘中。

5

烤盘进入烤箱，以上火 180℃、下火 150℃烘烤 25 分钟左右至烧饼呈金黄色即可。

① ②

叉烧餐包

中式经典面包，身轻柔软、蓬松美味，做小吃、茶点、餐点皆可。

◎ 小贴士

面团不可发酵过度。如果是在寒冷的环境，将面团放置在有阳光处，或是隔放于一锅温水上，都能加速发酵。

用时：120 分钟左右

材料

皮

高筋面粉…500 克

鸡蛋…………1 个

水………250 毫升

酵母……4 ~ 6 克

奶油………30 克

白砂糖………50 克

馅

叉烧馅………适量

做法

1

将面粉过筛，倒于案板上，中间开窝，加入白砂糖、酵母、鸡蛋、水、拌至白砂糖溶化。

2

将四周的面粉拌入中间，搓匀，加入奶油再次搓匀，揉搓至面团纯滑，用保鲜膜包好，醒发约 20 分钟。

3

醒发好的面团搓成长条状，分切为约 30 克一个的小面团若干，擀薄成圆面皮，包入叉烧馅，包口捏紧，装入糕饼纸杯中，均匀排入烤盘，静置醒发。

4

醒发至包胚表面光滑后，将烤盘放入烤箱，以上火 180℃、下火 160℃烘烤约 15 分钟，熟透后即可。

蛋黄酥

色香味俱全的中式点心，皮酥浓香，馅料软和，蛋黄咸香冒油，吃完意犹未尽。

用时：100 分钟左右

材料

油皮

中筋面粉…120 克

糖粉…………24 克

猪油…………22 克

奶油…………20 克

水…………55 毫升

油酥

低筋面粉…120 克

猪油………190 克

馅

红豆沙馅…100 克

咸蛋黄………4 个

米酒…………适量

装饰

蛋黄液………适量

黑芝麻………适量

做法

1

取油皮和油酥的材料，参照 P14 的做法完成油酥皮，油皮分切为 30 克一个，油酥分切为 20 克一个。将红豆沙馅分为 25 克一个的小块若干（图 1 ~ 2）。

2

咸蛋黄用米酒洗泡，取出撒上盐，放入烤箱以 200℃烤 5 分钟，取出放凉。

3

取一个红豆沙馅，压扁，放上 1 颗咸蛋黄，搓圆成内馅（图 3 ~ 4）。

4

取一个约 40 克的油酥皮，擀薄，包入一个内馅，收口捏紧，在饼皮上刷两层蛋液，放少许黑芝麻，朝下排列于烤盘中（图 5 ~ 9）。

5

将烤盘放入烤箱，以 200℃烤约 28 分钟（图 10）。

①

②

③

④

⑤

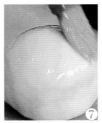

⑥　　　　　　　⑦　　　　　　　⑧　　　　　　　⑨　　　　　　　⑩

蛋黄莲蓉酥

经典蛋黄酥的升级版，绵软莲蓉与咸蛋黄搭配效果更佳。

用时：100 分钟左右

材料

油皮

中筋面粉…240 克

糖粉………48 克

猪油………45 克

奶油………40 克

水………110 毫升

油酥

低筋面粉…240 克

猪油………120 克

馅

咸蛋黄………4 个

莲蓉馅………40 克

米酒………适量

盐…………适量

装饰

蛋液………少许

做法

1

取油皮和油酥的材料，参照 P14 的做法完成油酥皮，油皮分切为 20 克一个，油酥分切为 15 克一个。将莲蓉馅搓成长条状，分切为约 10 克一个的小块。

2

咸蛋黄用米酒洗泡，取出撒上盐，放入烤箱以 150℃烤 10 ~ 15 分钟。将莲蓉压扁，包入咸蛋黄，包成圆球状内馅。

3

取一个油酥皮，擀成圆面皮，包入内馅，捏紧收口，将收口朝下放入烤盘中，在饼皮上刷一层蛋液。

4

将烤盘放入烤箱，以上火 180℃、下火 170℃的炉温烤 15 分钟，取出调头，再烤 10 ~ 15 分钟，至边缘酥硬即可。

紫芋酥

酥皮糯心，甜软多层，好吃到掉渣的中式马卡龙。

用时：100 分钟左右

材料

油皮

中筋面粉…200 克

糖粉…………20 克

猪油…………70 克

水…………90 毫升

油酥

紫芋泥……100 克

奶油…………75 克

糖粉…………20 克

馅

紫芋泥馅……72 克

麻薯…………10 克

做法

1

取油皮和油酥的材料，参照 P14 的做法完成油酥皮，油皮分切为 30 克一个，油酥分切为 20 克一个。

2

将紫芋泥分成 18 克一个的小块。取一小块紫玉泥，压扁，包入一份麻薯，收口捏紧，搓圆即成内馅。

3

取一个做法 1 中完成的油酥皮，擀薄，卷起，对切为两半，将切面朝上用手压扁，再用擀面杖擀薄，出现螺旋形纹路（图 1 ~ 2）。

4

将油酥皮螺旋形纹路的一面朝外，包入内陷，捏和收口，收口朝下排布于烤盘中，静置醒发 30 分钟。

5

烤盘放入烤箱，以 190 ℃ 的炉温烤约 15 分钟，取出调头，再烤 10 ~ 15 分钟即可。

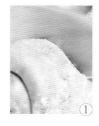
①

②

老婆饼

外皮金黄诱人，内里油酥薄如绵纸，每一层都饱含妻子的爱。

用时：100 分钟左右

材料

油皮

高筋面粉···180 克

中筋面粉···180 克

糖粉········215 克

猪油········125 克

水··········15 毫升

白芝麻·······适量

油酥

低筋面粉···215 克

猪肉··········适量

馅

麦芽糖······65 克

奶油··········50 克

熟面粉······150 克

糖粉··········适量

装饰

蛋黄液········适量

做法

1
取油皮和油酥的材料，参照 P14 的做法完成油酥皮，油皮分切为 26 克一个，油酥分切为 12 克一个。

2
将制馅的糖粉、麦芽糖放入锅中，混合拉丝，加入奶油、熟面粉、水，混合揉搓成团，盖上保鲜膜醒发 10 分钟，即成内馅（图 1 ~ 4），分切为约 20 克一个的小内馅若干。

3
取一个油酥皮，擀成圆面皮，包入内馅，捏和收口，收口朝下排布于烤盘中（图 5 ~ 6）。

4
在饼胚表面刷两层蛋黄液，再用刀在表面划两条平行刀口，撒上适量白芝麻（图 7 ~ 8）。

5
烤箱预热 180℃，推入烤盘烘烤 20 ~ 25 分钟即可。

①
②
③
④

⑤

⑥

⑦

⑧

咖喱饼

在传统酥饼中混入浓郁咖喱香，从中式面点中体会异域风情。

用时：100 分钟左右

材料

油皮

中筋面粉…310 克

糖粉………50 克

猪油………120 克

水………145 毫升

油酥

低筋面粉…310 克

咖喱粉…… 20 克

猪油………150 克

馅

红豆沙馅 1200 克

猪后腿肉…400 克

青葱…………5 根

装饰

蛋黄液……… 适量

调味料

冰糖…… 2/3 大匙

红葱酥………35 克

酱油…… 2.5 大匙

米酒…… 2.5 大匙

水………… 1.5 碗

◎ 小贴士

在红豆沙馅中加入咖喱，可以让咖喱饼更加美味。

做法

1

取油皮和油酥的材料，参照 P14 的做法完成油酥皮，油皮分切为 40 克 / 个，油酥分切为 30 克一个。

2

猪后腿肉切丁，青葱切段。

3

将肉丁放入锅中，开中小火炒至肉丁变色。

4

加入青葱段及所有调味料，换小火煮约 40 分钟，待汤汁收得干，完成卤肉，熄火待凉备用。

5

将红豆沙馅加入咖喱，分割为约 80 克一个的小块若干，搓圆备用。

6

取一个豆沙小块，压扁包入约 30 克卤肉，捏紧收口，搓圆即为内馅。

7

取一个油酥皮，擀薄，包入内馅，捏和收口，收口朝下排布于烤盘中。

8

饼皮表面刷两层蛋黄液，再用刷子在饼皮中间戳几个小洞。

9

将烤盘放入烤箱，以上火 190℃、下火℃烤约 15 分钟，取出调头，再烤 10 ~ 15 分钟即可。

凤梨酥

源于三国时期的古老中点，据闽南话发音"旺来"，有好运来的寓意。

用时：60 分钟左右

材料

糕皮

低筋面粉……………… 40 克

中筋面粉……………… 25 克

奶粉…………………… 40 克

奶油…………………250 克

椰丝…………………… 30 克

糖粉…………………… 40 克

全蛋…………………… 60 克

馅

菠萝块………………450 克

碎冰糖………………210 克

麦芽糖………………180 克

做法

1
将菠萝块放入榨汁机炸成细蓉，装入纱布拧干水分，倒入锅中，加入碎冰糖以中小火翻炒，水分收干后再加入麦芽糖翻炒，至变色盛出放凉（图 1 ~ 3）。

2
奶油软化，加糖粉搅打，再分次加入蛋液，继续搅打，筛入奶粉、低筋面粉、中筋面粉，加入椰丝，翻拌按压至无粉粒状面团（图 4 ~ 5）。

3
装入保鲜袋醒发 30 分钟，即成面皮。

4
晾凉的凤梨馅分为 15 克一个，搓圆备用。醒发好的面皮分割为 20 克一个，略搓圆后压成有一定厚度的小面皮，放入凤梨馅，收口捏紧，搓圆，放入模具中压至紧实（图 6 ~ 7）。

5
将按压紧实的模具排入烤盘中，放入烤箱以 180℃烤 10 分钟，翻面，以 170℃再烤 10 分钟，取出晾凉，脱模即可。

台式月饼

少一点油腻，多一点酥软，感受中秋佳节的台式美味。

用时：60 分钟左右

材料

糕皮 A

奶油…………42 克

糖粉…………63 克

麦芽糖………28 克

奶粉…………10 克

盐………………3 克

糕皮 B

全蛋…………28 克

糕皮 C

低筋面粉…140 克

小苏打粉……1 克

馅

红豆沙……840 克

装饰

蛋黄液………适量

◎ 小贴士

放凉的月饼可用
玻璃纸包起来，
放置 3 天再食用，
风味更佳。

做法

1

取所有糕皮材料，参照 P15 的做法制作糕皮，将糕皮分切为每个 25 克的小糕皮。

2

奶油红豆沙分为约 70 克一个的内馅若干，搓圆备用。将糕皮擀成薄皮，包入内馅，捏紧收口（图 1）。

3

取月饼压模，在凹槽内撒少许面粉，再将多余面粉倒出，压入饼胚，压至饼胚紧实后，在桌面上轻敲几下即可扣出（图 2 ~ 4）。

4

将压好模的饼胚均匀排布于烤盘中，放入烤箱，以上火 230℃、下火 220℃的炉温，烤约 5 分钟至饼皮上色，取出往饼皮上刷一层蛋黄液，将烤盘调头，再烤 8 ~ 10 分钟即可（图 5 ~ 6）。

①
②
③
④
⑤
⑥

广式月饼

油滑甜润的馅泥，搭配咸香蛋黄，吃完一嘴化不开的享受。

用时：60分钟左右

材料

浆皮

转化糖浆…210克

花生油……90毫升

碱水………12毫升

低筋面粉…300克

馅

枣泥馅……600克

咸蛋黄………10颗

米酒…………适量

盐……………少许

装饰

蛋黄液………适量

做法

1

取浆皮材料，参照P16的做法完成浆皮，浆皮分切为每个60克的小浆皮。

2

咸蛋黄在米酒中浸泡一会儿，取出后撒上盐，放入烤箱以上火170℃、下火151℃烤15 ~ 20分钟，取出放凉备用。

3

将枣泥馅分成120克一个的小块，压扁，包入两颗烤好的咸蛋黄，包口收紧，搓圆，即成内馅。取浆皮擀成薄片，包入内馅，捏紧收口。

4

取月饼压模，在凹槽内撒少许面粉，再将多余面粉倒出，压入饼胚，压至饼胚紧实后，在桌面上轻敲几下即可扣出。

5

将压好模的饼胚均匀排布于烤盘中，放入烤箱，以上火230℃、下火220℃的温度，烤8 ~ 10分钟至饼皮上色，取出往饼皮上刷两层蛋黄液，将烤盘调头，再烤8 ~ 10分钟即可。

◎ 小贴士

咸蛋黄在使用前先烤过，能够除去咸蛋黄中的水分，制成内馅后才不易变质。

冰皮月饼

源自香港，挑战 700 年月饼传统的新成就，糯白皮凉，月饼界新花旦。

① ② ③

用时：100 分钟左右

材料

皮

熟糯米粉	…100 克
澄粉	………50 克
草莓粉	……15 克
糖粉	………150 克
冷开水	…112 毫升
奶油	………30 克

馅

红豆沙馅	…150 克
枣泥馅	……150 克

做法

1
盆中放入糖粉、冷开水拌匀，筛入熟糯米粉、澄粉，再加入奶油拌匀，揉搓至具有黏性且光滑的米团（图 1 ~ 3）。

2
将光滑米团平分为两份，往一份中混入草莓粉，揉搓至面团呈均匀粉红色。

3
红豆沙馅、枣泥馅各分为 23 克一个的内馅若干，搓圆备用。

4
白色米团、粉红色米团分别搓成长条，分切为 25 克一个的小米团若干，搓圆后略压扁，即成两色冰皮。白色冰皮中包入枣泥内馅，粉红色冰皮中包入豆沙内馅，均捏紧收口，即成饼胚。

5
取月饼压模，在凹槽内撒少许面粉，再将多余面粉倒出，压入饼胚，压至饼胚紧实，放入冰箱冷冻 1 个小时，再移至冷藏室待其变软，扣出食用即可。

苏式月饼

江苏风味月饼，吃起来酥松甜软，看起来古朴典雅。

用时：60 分钟左右

材料

油皮

高筋面粉	96 克
低筋面粉	64 克
糖粉	16 克
猪油	64 克
水	96 毫升

油酥

低筋面粉	200 克
猪油	100 克

馅

莲蓉馅	900 克

装饰

食用红色素	少许
水	少许

做法

1

取油皮和油酥的材料，参照 P14 的做法完成油酥皮，油皮分切为 15 克一个，油酥分切为 15 克一个。莲蓉馅平分为约 45 克一个的小块，搓圆成内馅。

2

取油酥皮，擀薄成圆面皮，包入一个内馅，收口捏紧，搓圆，略压扁，饼胚收口朝下放入烤盘。食用红色素拌少量水，用筷子头沾一下，盖印在饼皮中央。

3

烤盘放入烤箱中，以上火 180℃、下火 150℃烤约 10 分钟至饼皮上色，取出烤盘，将所有饼翻面并调头，复回烤箱烤 15 ~ 20 分钟，至边缘酥硬即可。

◎ 小贴士

莲蓉馅也可以改成白豆沙馅，不同风味，一样美味。

扁月烧

中和了日式风味的新月饼，少油低糖，自带果子般的清爽感。

用时：30 分钟左右

材料

皮

白豆沙…… 600 克

麦芽糖……… 50 克

熟蛋黄……… 50 克

熟糯米粉…… 20 克

生蛋黄……… 20 克

馅

白豆沙…… 500 克

装饰

蛋黄液……… 适量

食用红色素 …适量

做法

1

将熟蛋黄碾碎，过筛；熟糯米粉过筛（图1），放入盆中，与白豆沙、麦芽糖，拌匀，再分次加入生蛋黄，拌至面团软硬适中（图2～3）。

2

将面团搓成长条，在分切为每个 40 克的小面团，即为饼皮（图4）；白豆沙分为约 25 克一个的小块若干，搓圆成内馅。

3

将饼皮压扁，包入内馅，收口捏紧，再用手稍压扁（图5～6）。

4

在饼胚表面刷上蛋黄液，再用食用红色素点几点花瓣形状，放入烤箱以上火 230℃、下火 150℃烘烤 5～10 分钟，至饼皮金黄即可（图7～8）。

①

②

③

④

⑤

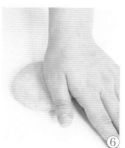
⑥

⑦

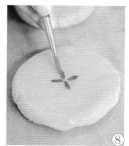
⑧

芋头饼

衍生自客家中秋传统的番薯饼，从贫苦中开出的美味之花。

用时：80 分钟左右

材料

油皮

> 中筋面粉···400 克
>
> 糖粉·········40 克
>
> 猪油·········60 克
>
> 奶油·········80 克
>
> 水·········80 毫升

油酥

> 低筋面粉···320 克
>
> 猪油········160 克

馅

> 芋泥馅······960 克

装饰

> 蛋黄液·········适量

◎ 小贴士

芋泥馅的做法参照 P22 中紫芋泥的做法，将紫芋换成芋泥即可。

做法

1
取油皮和油酥的材料，参照 P14 的做法完成油酥皮，油皮分切为 30 克一个，油酥分切为 20 克 / 个。将芋泥馅平分成约 40 克一个的小块若干，揉圆成内馅。

2
取油酥皮，擀薄成圆面皮，包入一个内馅，将收口捏紧，搓成圆形，醒发 10 ~ 20 分钟。

3
以手略压扁，再用擀面杖将饼胚擀成正圆形（图 1 ~ 2）。

4
把饼胚放入烤盘，于表面刷两层蛋黄液，再用叉子在表面上戳几个孔。

5
烤盘移入烤箱，以上火 190℃、下火 170℃的温度烘烤 15 分钟左右，取出调头，再烤 10 ~ 15 分钟，至边缘酥硬即可。

① ②

绿豆糕

著名传统特色糕点，相传为端午时，人们为免食用粽子过热，而补充食用的凉性食物。

用时：30 分钟左右

材料

皮

　　绿豆沙……300 克

　　猪油…………50 克

　　香油………50 毫升

馅

　　红豆沙馅…100 克

做法

1

红豆沙馅均分为每个 6 克左右的小内馅，搓圆备用。

2

将绿豆沙、猪油和香油拌匀，即成外皮，均分为 25 克每个的小外皮，压扁，包入内馅，捏紧收口，搓圆。

3

将圆形糕胚压入饼模中，敲数下，至饼胚紧实，轻轻施力扣出。

4

烤盘铺锡纸，均匀放上糕胚，放入烤箱以上火 130℃、下火 130℃烤约 20 分钟，取出待凉即可。

◎ 小贴士

绿豆糕从烤箱取出来后，最好先放凉，刚取出来时糕皮很软，放凉之后就会变得脆硬。

油炸类

　　将食物放入食用油中加热，将食物制熟的加工方法就是油炸。油炸类糕饼不仅具有鲜亮的色泽，更具有蒸和烤所不具备的香味，在中国已有几千年的历史。古时，每当婚丧嫁娶时，摆上油炸糕饼，便会增色不浅。

金馒头

外皮酥香爽脆，内里依旧柔软，香与绵的绝妙体验。

用时：120 分钟左右

材料

低筋面粉···500 克

白砂糖······100 克

泡打粉········4 克

酵母··········4 克

改良剂········25 克

水········225 毫升

◎ 小贴士

炸馒头的油最好选择干性油，如花生油、棕榈油等，这类油碘质低，比较稳定，不会使馒头产生酸辣味。

做法

1

低筋面粉、泡打粉混合过筛，倒于案板上，中间开窝，加入白砂糖、酵母、改良剂、水，拌至白砂糖溶化。

2

将四周的面粉拌入中间，搓匀，搓至面团光滑，用保鲜膜包好，稍作醒发。

3

将面团整个擀薄成方形，再由一端卷起，卷成长条状（图1～2）。

4

将长条状面团分切为约30克一个的小面团，即成馒头生胚（图3）。

5

将馒头生胚放入蒸笼中，静置30分钟后，以旺火蒸约8分钟，熄火待凉，再以150℃油温的热油炸至金黄色即可。

豆沙麻枣

刚炸好的麻枣，牙齿穿过焦脆的表皮，瞬间缠住糯软的内馅，真是让人欲罢不能。

用时：30 分钟左右

材料

皮

糯米粉……500 克

白砂糖……150 克

猪油………150 克

水………250 毫升

澄面………150 克

馅

红豆沙馅…250 克

装饰

芝麻…………适量

做法

1

锅中放水、白砂糖，煮至沸腾，再加入糯米粉、澄面，拌匀。

2

面烫熟后倒于案板上，搓匀，加入猪油，揉搓至面团光滑，再分切成约 30 克一个的小面团若干个。红豆沙馅也分为约 30 克一个的小块若干个，备用。

3

将小面团擀薄成圆面皮，包入红豆沙馅，卷起成椭圆形面胚，放入芝麻中滚一滚，再以 150℃油温的热油炸至浅金黄色即可（图1～2）。

◎ 小贴士

炸时要注意控制油温，将油温保持在五成热（150℃）左右。若油温过高，炸物表面快速焦化变黑，内部就不熟；若油温过低，面吸了过多油，很容易破碎。

笑口酥

老北京传统小吃，一入油锅就开口笑的糕点，谁不喜欢呢？

◎ 小贴士
粘取芝麻要趁面团刚柔好，还有黏性的时候尽快粘上。

用时：60 分钟左右

材料

猪油………	38 克
糖粉………	150 克
全蛋………	150 克
泡打粉……	11 克
高筋面粉……	75 克
低筋面粉…	340 克
淡奶………	38 毫升

装饰

芝麻…………	适量

做法

1

糖粉过筛，与猪油混合搓匀。

2

分次加入全蛋、淡奶，搓匀。

3

过筛加入泡打粉、高筋面粉、低筋面粉，再搓匀，揉搓至面团光滑。

4

将光滑面团搓成长条状，再分切成 40 克一个的小面团若干个。

5

将所有小等分面团搓圆，放入芝麻中滚一滚，充分粘取芝麻，取出静置，再放入 160℃的油锅中炸至金黄色即可。

鸳鸯芝麻酥

香滑猪肉与清爽马蹄堪称鸳鸯配，为所爱之人做一对吧。

用时：50分钟左右

材料

皮

低筋面粉···500克

鸡蛋··········1个

白砂糖·······50克

猪油··········25克

水········150毫升

馅

猪肉········200克

香菜········30克

马蹄········20克

盐·········2.5克

白砂糖·······8克

鸡精·········6克

胡椒粉·······2克

淀粉········10克

香油·········少许

装饰

芝麻·········少许

做法

1
面粉过筛，倒于案板上，中间开窝，加入白砂糖、猪油、鸡蛋、水，拌至白砂糖溶化。

2
将四周的面粉拌入中间，搓匀，搓至面团光滑，用保鲜膜包好，醒发约30分钟。

3
将醒发好的面团搓成长条状，再分切为约30克一个的小面团若干个，擀薄为圆面皮备用。

4
制馅材料切碎，与调味料混匀，即成馅料（图1~2）。

5
在圆面皮中包入适量馅料，将收口捏紧，搓圆，收口朝下将面胚稍压成扁圆形（图3~5）。

6
扁圆形生胚的饼面朝下，放入盛芝麻的碗中粘取芝麻，放置稍作醒发，再以150℃油温的热油炸至浅金黄色即可（图6~8）。

 ①  ②  ③  ④

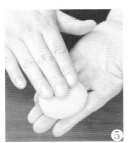

⑤

⑥

⑦

⑧

芝麻枣包

色泽金黄，小巧可爱，丰富的麻蓉馅让每一口都充满惊喜。

用时：60 分钟左右

材料

皮

低筋面粉…500 克

白砂糖……100 克

泡打粉………4 克

酵母…………4 克

改良剂………25 克

水………225 毫升

馅

麻蓉馅……200 克

装饰

芝麻…………适量

做法

1

低筋面粉、泡打粉混合过筛于盆中，加入白砂糖、酵母、改良剂、水（图 1）。

2

将盆中所有材料拌匀，揉搓至面团光滑（图 2 ~ 3），用保鲜膜包好，稍作醒发（图 4），再分切为约30 克一个的小面团若干个（图 5）。

3

小面团擀薄为圆面皮，中间包入麻蓉馅，捏紧收口，光滑面扣到装盛芝麻的碗中粘取芝麻（图 6 ~ 7）。

4

粘取了芝麻的包胚排入蒸笼内稍作醒发，以旺火蒸 6 ~ 8 分钟至枣包熟透，再放入 150℃油温的锅中炸至浅金黄色即可（图 8 ~ 9）。

脆皮豆沙饺

圆鼓鼓的三角豆沙饺，皮薄馅甜，每一口都嘎吱脆。

用时：60 分钟左右

材料

皮

糯米粉……500 克

澄面………150 克

猪油………150 克

白砂糖……80 克

水………250 毫升

馅

红豆沙馅…100 克

◎ 小贴士

擀面皮时，一手拿擀面杖，一手转动面团，就能擀出中间厚两边薄的面皮。

做法

1

盆中倒入水、白砂糖，加热至水煮开，加入糯米粉、澄面，拌至无粉粒状，倒在案板上，加入猪油，揉搓至面团纯滑。

2

将面团搓成长条面团，再分切成约 30 克一个的小面团若干个，擀薄成圆面皮备用。

3

将豆沙也分切为约 30 克一个的小内馅若干，分别包入圆面皮中，面皮收捏为三角形（图 1）。

4

三角形饺胚静置醒发，以 150℃的热油炸至浅金黄色，捞出后装入盘中即可（图 2）。

 ①  ②

家乡咸水饺

广东及港澳地区传统名点，酥脆里包裹着糯软，糯软中藏有咸香，挖宝一般的惊喜。

用时：30 分钟左右

材料

皮

  糯米粉……500 克

  澄面………150 克

  猪油………150 克

  白砂糖……100 克

  水………250 毫升

馅

  猪肉………150 克

  虾米………20 克

  盐…………5 克

  味精………3 克

  白砂糖……9 克

做法

1

盆中倒入水、白砂糖煮开，加入糯米粉、澄面，拌至澄面烫熟，倒出在案板上，搓匀，加入猪油，揉搓至面团纯滑，再分为约 30 克一个的小面团若干个，擀薄成圆面皮备用。

2

猪肉切碎，与虾米一同入锅，加入盐、味精、白砂糖等调料炒熟，即成馅料（图1）。

3

取圆面皮，包入适量馅料，将包口捏紧（图2），放入 150℃油温的热油中炸至浅金黄色即可（图3）。

麻花

在北方地区，有立夏时节吃麻花的习俗。

用时：60 分钟左右

材料

中筋面粉…200 克

白砂糖…… 20 克

水…………80 毫升

小苏打………1 克

油…………适量

做法

1
取少许油，烧开，放凉备用。

2
中筋面粉中加入白砂糖、小苏打、水，搅拌，再加入放凉的油，揉匀成面团，盖好保鲜膜，静置醒发约 30 分钟，再分切为约 8 克一个的小面团若干个。

3
将小面团搓成长条，盖上保鲜膜醒发 5 分钟，再搓长至 40 厘米长的长条，两端对折，旋转，卷成麻花形状，放入 180℃的油锅中，炸至呈金黄色即可。

◎ 小贴士

炸的时候注意油温，油温太高容易让麻花糊掉。

春卷

演化自古代春饼，历史悠久，有春之吉兆的美好寓意。

用时：30 分钟左右

材料

皮

　　中筋面粉……500 克

　　油…………100 毫升

　　水…………350 毫升

馅

　　猪里脊肉……250 克

　　白菜…………100 克

　　黄酒…………10 毫升

　　白砂糖…………5 克

　　淀粉…………50 克

　　盐……………10 克

　　味精……………5 克

　　猪油…………30 克

做法

1

中筋面粉中加少许盐，缓慢倒入清水，揉搓成有韧性的面浆（图 1 ~ 2）。

2

平底锅放到小火上先烧热，抹一层薄油（图 3），抓一把面浆放入平底锅中，迅速转动平底锅使面浆化为直径 20 厘米左右的面皮（图 4），烘干后揭下，即为春卷皮。

3

猪里脊肉和白菜分别切丝。炒锅中下猪油，放入肉丝煸炒，加黄酒、白砂糖翻炒，下白菜丝、盐，炒至白菜酥熟，加味精，以淀粉勾芡，出锅待凉即为馅料（图 5）。

4

春卷皮摊开，放入适量馅料，先两头对折，再将开口两头对折，将馅料包紧（图 6 ~ 7），放入约 180℃的油锅中，炸至金黄色即可（图 8）。

油条

家喻户晓的中国油炸点心代表，最远可追溯至唐代以前，吃油条配一杯豆浆真是赛神仙。

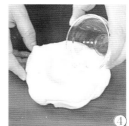

用时：**120 分钟左右**

材料

中筋面粉…300 克

奶粉…………20 克

酵母粉………5 克

温水……205 毫升

油…………20 毫升

小苏打………1 克

白砂糖………20 克

盐……………适量

◎ 小贴士

擀面团时，可以在案板和手上分别抹一层油，能防止面团粘黏。

做法

1

190 克温水中加入奶粉、酵母粉、白砂糖，搅拌均匀，制成酵母水（图 1）。

2

盆中放面粉，倒入酵母水，将面粉揉成面团，再加油继续揉搓至面团光滑（图 2），用保鲜膜包好，醒发 1 小时，至面团发至两倍大（图 3）。

3

盐和小苏打混匀，倒入 15 克温水中化开，将所得的小苏打水加入面团中，再次揉匀（图 4）。

4

重新为面团盖上保鲜膜，继续醒发，再发至两倍大。

5

将醒发好的面团擀成长方形面片，分切为大小均等的小条，2 条相叠，压扁，用筷子在中间压一道沟，制成油条生胚（图 5 ~ 8）。

6

油锅热至 180℃，放入油条生胚炸制，边炸边翻动，炸至油条成金黄色即可。

麻团

广东及港澳地区常见贺年食品，小小麻团有"煎堆辘辘，金银满屋"之意。

用时：30 分钟左右

材料

皮

    糯米粉……250 克

    水………200 毫升

    白砂糖………50 克

    泡打粉………适量

    油…………适量

馅

    红豆沙馅…100 克

装饰

    芝麻…………适量

做法

1
将白砂糖融入水中，制成糖水（图 1）。

2
糖水中加入糯米粉、泡打粉、油（图 2），揉匀成面团，搓成长条状，均匀分切为 10 份（图 3），分别搓圆，擀成圆面皮备用。

3
红豆沙馅分切为 10 克一个的小内馅若干份，包入圆面皮中，收口捏紧，搓圆成球状（图 4），放入盛芝麻的碗中滚一滚，即成麻团生胚（图 5）。

4
锅中倒入足够的油，烧至 150℃，转小火，放入麻团生胚炸制，待麻团呈金黄色，捞出沥油即可（图 6）。

◎ 小贴士

麻团比较难熟，因此要转小火慢炸，炸的时候需不断翻动使其受热均匀。炸熟的麻团体积变大，会漂浮起来，因此看到漂浮的麻团就能捞出。

猫耳朵

源于山西、陕西等地的流行面点小吃，酥香脆口。

用时：60 分钟左右

材料

皮

低筋面粉········· 700 克

猪油············· 125 克

水············· 200 毫升

馅

低筋面粉··········750 克

白砂糖············150 克

小苏打·············5 克

溴粉（碳酸氢铵）··· 4 克

盐·················5 克

味精··············4 克

腐乳············100 克

猪油············· 75 克

水··············225 毫升

做法

1

将制皮的低筋面粉、猪油、水混匀，揉搓至光滑，用保鲜膜盖起来稍作醒发，即为水油皮。

2

将制馅的低筋面粉在案板上开窝，中间加入白砂糖、小苏打、溴粉、盐、味精、腐乳、猪油，拌匀。

3

倒入水，将四周面粉拌入中间，揉搓至纯滑面团，盖上保鲜膜，静置醒发，即为馅皮。

4

将两种面团都擀成长方形面皮，水油皮表面刷上水，馅皮铺在水油皮上，一起擀开为约 3 毫米厚的饼皮（图 1）。

5

将饼皮紧实地卷起来，放入冰箱冷冻，再切成薄片（图 2 ~ 3）。

6

用 170℃的热油将薄片炸成米黄色即可。

炸汤圆

在汤圆的甜润中又加了油炸的香，令人意想不到的新口味。

用时：60 分钟左右

材料

新鲜汤圆……1000 克

白砂糖…………少许

油…………2000 毫升

做法

1

在汤圆上扎几个小孔（图1），防止油炸时爆锅溅油。

2

锅中下油，加热至 150℃ ~ 170℃（图2）。

3

将汤圆放入油锅油炸，炸至表面呈浅金黄色时，用筷子将其翻动，使之炸成均匀的金黄色（图 3 ~ 5）。

4

汤圆表面出现小泡泡时，捞出，沥干，装入盘中，撒适量白糖即可食用（图 6 ~ 8）。

 ①
 ②
 ③
 ④

煮制类

　　煮是将食物放进多量的汤汁或清水中，用大火煮沸，再用文火慢慢将食物煮至熟透的制熟工艺。通过煮制法完成的糕点，虽然用时较长，但避免了烘类与烤类糕饼的油腻，和蒸一样是传统、健康的制熟方法。煮在中国是最古老的炊熟工艺，也衍生出丰富的煮制类糕饼。

鲜橙蜂蜜凉糕

色相极佳的夏令凉食，不仅晶莹剔透、色泽鲜亮，更有鲜橙与蜂蜜的清新味道。

用时：90 分钟左右

材料

橙子……1000 克

蜂蜜……120 毫升

琼脂………40 克

水…………适量

做法

1

琼脂用水浸泡 1 小时，至琼脂变软（图 1）。

2

橙子去皮去膜，取果肉切成丁（图 2 ~ 3）。

3

将泡软的琼脂放入水中，以大火烧开，转小火熬制 15 分钟至其溶化，熄火冷却（图 4 ~ 5）。

4

稍微冷却，但还未完全冷却的琼脂中放入橙肉、蜂蜜，拌匀（图 6 ~ 7）。

5

倒入模具内令其完全冷却至凝固，再转移入冰箱冷藏，食用时切块或用模具印出即可（图 8 ~ 10）。

红豆沙凉糕

夏日里浪漫清新的红豆沙遇上果冻一般的凉糕，这一定是初恋的味道。

用时：90 分钟左右

材料

红豆沙… 1000 克

白砂糖……350 克

琼脂…………50 克

水………… 适量

◎ 小贴士

红豆沙水与化开的琼脂同煮时，要不断搅拌，以免糊底。

做法

1

琼脂用水浸泡 1 个小时，后沥干水分，放入 1000 毫升的水中，以大火烧开，转小火熬煮至琼脂溶化。

2

取与红豆沙等量的水，与红豆沙混合后拌匀，倒入化开的琼脂中，保持小火，慢慢搅拌，再加入白砂糖，待锅中烧开，以小火继续煮 10 分钟。

3

煮好后倒入模具中冷却，待其凝固，转移至冰箱冷藏，食用时取出切块即可。

椰汁红豆糕

糕类食物中的经典，清凉爽口、滑而不腻，这个夏天，一起吃点凉的吧。

用时：90 分钟左右

材料

红豆………125 克

椰浆………200 克

琼脂…………7 克

水…………适量

白砂糖……适量

◎ 小贴士

如果红豆的量不足，琼脂融化后，可在加入白砂糖时，再加入一点红豆。

做法

1

琼脂泡软。红豆洗净，用 3 倍水量浸泡 2 小时以上，加水煮至沸腾，转小火熬煮 40 分钟，至红豆酥烂。

2

煮好的红豆沥干水分，与椰浆、琼脂一起加热，至琼脂溶化，加适量白砂糖，拌至白砂糖溶化。

3

将融化的液体倒入磨具中冷却，再转移至冰箱冷藏，食用时切块即可。

水晶糕

北京夏令时节糕点，晶莹透亮，色白润滑，糯软耐嚼，食之甘美。

用时：90 分钟左右

材料

　　白砂糖·····1000 克

　　大米··········60 克

　　玫瑰花瓣·····50 克

　　水···········适量

◎ 小贴士

米浆倒入模具中待凉时，要淋少许水，以免硬皮。

做法

1

大米淘洗干净；玫瑰花瓣洗净，泡开（图 1）。

2

将大米与玫瑰花瓣磨成粉，倒入适量水即成米浆（图 2 ~ 3）。

3

锅内盛水，大火烧至沸腾，放入米浆，边煮边搅拌，煮熟后倒入容器中，撒适量玫瑰花瓣，晾凉收干，凝固成水晶糕（图 4 ~ 6）。

4

将白砂糖用水化开为糖水，淋入水晶糕中即可食用（图 7 ~ 9）。

芝麻汤圆

汤圆中的传统口味，源于宋朝，有"平安、团圆"的寄望。

用时：60 分钟左右

材料

皮	馅
糯米粉⋯⋯⋯⋯300 克	黑芝麻粉⋯⋯⋯150 克
水⋯⋯⋯⋯⋯170 毫升	绵白糖⋯⋯⋯⋯100 克
	芥花子油⋯⋯50 毫升

做法

1

将糯米粉与水混合，搅拌至称为松散糯米团，取约 40 克左右，压薄放入滚水中煮至浮起（图 1 ~ 3）。

2

浮起的米片放回松散糯米团中，一起揉搓，直至成为有黏性且有韧性的光滑糯米团（图 4 ~ 5），再分切为约 25 克一个的小糯米团若干。

3

将制馅的所有材料混合拌匀，再分为约 10 克一个的小块，搓圆即为芝麻馅，放入冰箱冷冻至稍硬（图 6 ~ 7）。

4

小糯米团擀薄，包入芝麻馅（图 8），将包口慢慢收紧，至整体呈圆球形，即为芝麻汤圆。将芝麻汤圆放入滚水中，煮至浮起即可食用。

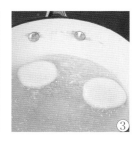

⑤ ⑥ ⑦ ⑧

客家咸汤圆

源自客家的咸味汤圆，连汤汁都经过精心烹制，香软弹牙，这个元宵节，来点不一样的美味。

用时：60 分钟左右

材料

皮

糯米粉⋯⋯⋯300 克

水⋯⋯⋯⋯170 毫升

馅

猪绞肉⋯⋯⋯300 克

红葱酥⋯⋯⋯3 大匙

蚝油⋯⋯⋯⋯1 大匙

米酒⋯⋯⋯⋯1 大匙

味精⋯⋯⋯⋯适量

白砂糖⋯⋯⋯0.5 小匙

盐⋯⋯⋯⋯⋯适量

汤

高汤⋯⋯⋯⋯适量

芹菜叶⋯⋯⋯适量

红葱酥⋯⋯⋯适量

白胡椒粉⋯⋯0.5 小匙

香油⋯⋯⋯⋯少许

做法

1

糯米粉与水混合，揉搓至光滑糯米团，取其中 40 克，压扁放入滚水中煮至浮起，捞出放回米团中继续揉搓均匀，至揉成具有黏性和 Q 弹感的糯米团，再分为约 30 克一个的小糯米团若干，备用。

2

将红葱酥剁碎，与猪绞肉和所有制馅调味料一起拌匀，摔打出泥（图 1），再放入冰箱冷藏醒发约 30 分钟，取出分为每个 18 克的小肉馅，搓圆，再放入冰箱冷冻至稍硬。

3

取小糯米团，擀薄后稍压成碗状，包入小肉馅，收好包口，搓圆即为汤圆（图 2）。将高汤煮滚，放入白胡椒粉、红葱酥调味，再放入汤圆和洗净的芹菜叶煮熟，滴入香油即可。

酒酿汤圆

流行于长江流域，有清香爽口、略带酒味却不浓烈的特点，吃一口便醉人的汤圆。

用时：60 分钟左右

材料

皮

糯米粉········300 克
水·········170 毫升

馅

黑芝麻粉······70 克
绵白糖········100 克
芥花子油···50 毫升

汤

冰糖··········适量
酒酿··········少许
淀粉水·······少许
枸杞··········若干

做法

1

糯米粉与水拌匀，取 40 克的小糯米团压薄，放入滚水中煮至浮起，取出放回糯米团中，一起揉搓至有黏性、韧性的光滑糯米团。

2

将糯米团平分为约 25 克一个的小糯米团若干，备用。

3

将绵白糖、芥花子油与黑芝麻粉混合拌匀，制成芝麻馅，再均分为约 10 克一个的小块若干个，搓圆即为芝麻馅，放入冰箱冷冻至稍硬。取小糯米团，擀薄后稍压成碗状，包入芝麻馅，收好包口，搓圆即为汤圆。

4

煮两锅开水，一锅煮沸后放入冰糖、酒酿，再次沸腾后勾芡少许淀粉水。另一锅放入汤圆，以中火煮至浮起，捞出放入第一个锅中略滚，再加少许枸杞即可盛出。

荷叶粽

咸粽中的"素食主义者"，丰富的调料让每一粒米都饱含香气。

用时：360 分钟左右

材料

长糯米……600 克

雪莲子……200 克

干香菇………10 朵

碎萝卜干…100 克

干荷叶………若干

棉绳…………1 串

油…………1 大匙

水…………少许

调味料 A

素蚝油……2 大匙

白胡椒粉…1 大匙

色拉油……2 大匙

调味料 B

素蚝油……1 大匙

味淋………1 大匙

白胡椒粉…1 小匙

做法

1

长糯米与雪莲子分别洗净，泡水 4 小时，放入调味料 A 拌匀。

2

碎萝卜干洗净，用干锅以小火炒至萝卜出香味，取出备用；干香菇泡软切丁。锅烧热，入油，放香菇丁以小火炒香，加入调味料 B 及少许水，煮至水分收干，放入炒好的萝卜干拌匀，取出待凉备用。

4

干荷叶洗净烫过，剪去蒂头，摊开剪半，再剪半，共剪出 4 张（图1～4）。

5

取两张颠倒交替相叠，放入 1 大匙半做法 1 所得的糯米莲子，再放入 1 大匙炒好的香菇萝卜，最后再放 1 大匙半糯米莲子（图 5～6）。

6

将四周的叶子折起，使粽子呈长方形，卷至荷叶用尽，再取棉绳将粽子来回绑好，打结固定（图 7～8），放入滚水中，以大火煮约 90 分钟至熟，取出稍凉食用即可。

鲜肉粽

南方端午传统吃食，米饭绵软，五花肉油润，以嘉兴和湖州鲜肉粽为代表。

用时：一天多

材料

长糯米……600 克

五花肉……900 克

粽叶…………若干

棉绳…………1 串

调味料 A

酱油………4 大匙

白胡椒粉…1 大匙

米酒………2 大匙

盐…………少许

味淋………2 大匙

调味料 B

酱油………少许

白胡椒粉……少许

◎ 小贴士

五花肉应选择较肥的，让肉的油脂充分渗透到米饭中，会让米饭更加润滑。

做法

1

将五花肉切成粗长的条状，用调味料 A 腌渍一天使其入味。长糯米洗净泡水 4 小时，沥干后拌入少许酱油，待米粒微黄，再拌入白胡椒粉，拌匀，备用（图 1）。

2

粽叶洗净烫过，取 2 张颠倒相叠，在1/3处折叠成漏斗状（图 2 ~ 3）。往漏斗状粽叶中舀入 1 大匙半的长糯米，放一块腌渍好的五花肉，再舀入 1 大匙半的长糯米将肉盖住（图 4 ~ 5）。

3

将粽叶未折成漏斗状的部分顺着漏斗状覆盖粽叶，形成一个三角形粽子，将多余粽叶剪掉（图 6）。取棉绳，顺着粽子从头绕到尾再绕回来，打结固定。

4

锅中烧开水，放入所有包好的粽子，以大火煮 2 ~ 2.5 小时至熟，出锅即可。

①

②

③

④

⑤

⑥

碱粽

客家传统粽子之一，放冰箱冷藏再食，口感弹韧，风味更佳。

用时：240 分钟左右

材料

圆糯米·····················300 克

食用碱油·················12 毫升

粽叶·····················若干

棉绳·····················1 串

搭配

蜂蜜·····················适量

做法

1

圆糯米泡水 4 小时，沥干水分，加入食用碱油拌匀（图 1 ~ 2）。

2

将粽叶洗净、烫过，取两张上下交错相叠，在 1/3 处折叠成漏斗状，剪掉另外 1/3 的粽叶。

3

舀入 1 大匙圆糯米（约为四分满），将剩下的 1/3 粽叶顺着漏斗状覆盖下来，折成约 2/3 个拳头大的四角状粽子。

4

取棉绳，在粽子中间处绕 2 ~ 3 圈，打结固定。

5

放入沸水中，以中火煮约 2 小时至熟，捞出晾凉，再移入冰箱冷藏 2 ~ 3 小时，食用时取出，蘸蜂蜜即可。

煎制类

　　煎是指用少量油对食物慢慢加热，至其熟透的烹调工艺。起源于北魏时期，古时也叫"烙"，用时较短，口味比煮制更喷香可口，用油比炸制少，因此在糕饼中也是用途广泛，尤其是饼类，中式饼几乎都是通过煎制法完成的。

脆皮三丝春卷

春卷的煎式做法，酥脆不输炸春卷，皮薄馅香，更易操作。

用时：30 分钟左右

材料

春卷皮······ 适量

芋头··········1 个

猪肉········100 克

韭黄······ 20 克

盐············5 克

鸡精·········8 克

白砂糖········8 克

油·········· 适量

◎ 小贴士

春卷皮可参考 P116 中的做法。
拌馅的过程中添加一点面粉，
能防止煎制时菜汁流出。

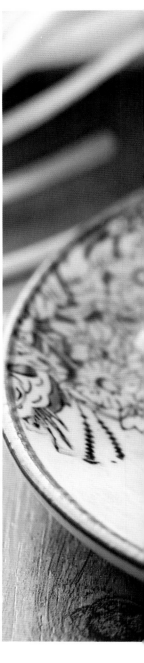

做法

1

猪肉、芋头切粒，加入白砂糖、鸡精、盐，拌匀（图 1）。

2

加入切成小段的韭黄，拌匀，放入锅中炒熟，即成馅料（图 2）。

3

取一张春卷皮，切成长方形，中间包入适量馅料，先对折两头，再将另外
两头折起，包紧成长方形（图 3 ~ 6）。平底锅中热油，放入春卷，煎至
两面熟透即可（图 7 ~ 8）。

 ⑤

 ⑥

 ⑦

 ⑧

煎芝麻圆饼

外层芝麻香脆，内里面点软糯，馅料甜入心底，每一层都是享受。

用时：60 分钟左右

材料

皮

糯米粉……500 克

猪油………150 克

白砂糖……100 克

水………105 毫升

馅

莲蓉馅……100 克

装饰

芝麻…………适量

◎ 小贴士

在粘取芝麻前，可以在饼面上蘸点水，就能粘上芝麻且不掉落。

做法

1

盆中倒入水、白砂糖，加热至水煮开，加入糯米粉拌匀至无粉粒状。

2

倒于案板上，搓匀，加入猪油揉搓至面团纯滑，再分切成约 30 克一个的小面团若干个。

3

将莲蓉馅均分为 15 克一个的小块若干个，搓圆为内馅。

4

将小面团用擀面杖擀薄，包入内馅，捏紧包口，搓圆，再压至扁圆形（图 1）。

5

扁圆形面胚放入盛芝麻的碗中粘取芝麻（图 2）。

6

将粘满芝麻的饼胚用平底锅煎至两面金黄即可（图 3）。

卷饼

实实在在的踏实面饼，每咬一口都是面的醇香，想做多大都可以哦。

用时：60 分钟左右

材料

中筋面粉……300 克

酵母…………10 克

水…………180 毫升

油…………适量

盐…………适量

芝麻…………适量

做法

1

面粉过筛在案板上，中间开窝，加入酵母和水，混匀（图1），四周的面粉一起揉搓至面团光滑，盖上保鲜膜稍作醒发（图2～3）。

2

将面团擀成长方形面饼（图4），均匀地抹上油、盐和芝麻，卷起（图5），再切为适量小卷。

3

将小卷立于案板上，用手往下压，压成带圈圈的圆饼胚（图6～7）。

4

平底锅中倒油，放入圆饼胚煎制，不时翻面，直至饼呈金黄色即可（图8）。

虾米咸薄饼

用料丰富，咸香浸透每一寸饼皮，口口有料。

用时：30 分钟左右

材料

皮

    糯米粉……250 克

    水………300 毫升

    盐…………15 克

    油…………5 毫升

馅

    韭菜…………50 克

    火腿…………30 克

    虾米…………20 克

    盐…………适量

    味精…………适量

    油…………适量

◎ 小贴士

倒入粉浆前将火力改成微火，在倒入后要迅速用铲子将粉浆摊开。

做法

1

盆中放入糯米粉、盐、水，搅拌，边拌边往里倒油，拌成粉浆。

2

火腿、虾米、韭菜分别切碎，一起入锅翻炒，加入调味料炒熟，即成馅料。

3

平底锅中倒油，开火，待油热舀入一勺粉浆，再均匀铺入馅料，煎至食材金黄即可出锅，食用前可将薄饼切块。

南瓜泥煎饼

巧用春卷皮，让南瓜泥变身中式"铜锣烧"。

用时：30 分钟左右

材料

皮

　　春卷皮………20 张

馅

　　南瓜………1000 克

　　玉米粒……300 克

　　白砂糖……100 克

　　玉米粉……50 克

　　水…………适量

◎ 小贴士

春卷皮参见 P116 中的做法，没有春卷皮，也可以用小馄饨皮代替。

做法

1

将南瓜切块，放入锅中煮熟，加入白砂糖，煮至较少水分。

2

加入玉米粉勾芡，再加入玉米粒，将南瓜碾烂成泥，搅拌均匀，即为馅料。

3

将春卷皮用模具压出直径约 5 厘米的圆形皮，取一张，中间放适量馅料，再取一张盖于其上，压紧（图 1 ~ 2）。

4

平底锅中热油，放入饼胚煎至两面金黄即可。

菜脯煎饺

煎得金灿灿的饺子，看起来都让人食欲全开。

用时：60 分钟左右

材料

皮

　　饺子皮………20 张

馅

　　盐……………3 克

　　鸡精…………5 克

　　白砂糖………7 克

　　淀粉…………25 克

　　油…………5 毫升

　　香油…………少许

　　菜脯………150 克

　　马蹄………100 克

　　胡萝卜………30 克

　　猪肉………150 克

做法

1
猪肉剁成肉蓉，加入盐拌至起胶（图 1），加入鸡精、白砂糖拌匀（图 2），再加入淀粉拌匀（图 3）。

2
马蹄、菜脯、胡萝卜分别切碎，都加入猪肉中，搅拌均匀。

3
倒入油、香油，拌匀即成馅料（图 4）。

4
用饺子皮包入馅料，包口捏紧成饺子型，均匀排入蒸笼中（图 5 ~ 7）。

5
以旺火蒸约 8 分钟至熟，开盖放凉，再入平底锅煎至金黄色即可（图 8）。

奶香秋葵软饼

浓郁奶香，清爽秋葵，健康美味的中点新体验。

用时：30 分钟

材料

鸡蛋…………1 个

牛奶……150 毫升

面粉………100 克

黄豆粉……80 克

盐……………3 克

食用油……15 毫升

猪肉末………50 克

秋葵…………80 克

生抽………5 毫升

做法

1
锅中注水烧热，倒入牛奶，加入盐、黄豆粉，充分搅拌匀，直至成为糊状。打入鸡蛋，搅散，制成鸡蛋糊，关火后盛出鸡蛋糊备用。

2
将面粉倒入大碗中，放入鸡蛋糊，搅拌匀，揉搓成纯滑的面团，静置待用。将洗净的秋葵切成末，拌入猪肉末，加入生抽、盐，搅拌均匀。

3
将面团再揉搓成长条形，切成几个小面团，把小面团搓圆，捏成碗状，放入猪肉秋葵馅，包好搓圆，再压扁，制成软饼生坯。

4
平底锅烧热，注入适量食用油，放入软饼生坯，转动平底锅，小火煎至金黄后，翻面继续煎至两面熟透即可。